宁夏榛子引种与栽培技术研究

◎左　忠　马静利　宿婷婷　王云霞　著

中国农业科学技术出版社

图书在版编目(CIP)数据

宁夏榛子引种与栽培技术研究 / 左忠等著 . --北京：中国农业科学技术出版社，2023.7

ISBN 978-7-5116-6084-8

Ⅰ.①宁… Ⅱ.①左… Ⅲ.①榛-引种-研究-宁夏 ②榛-果树园艺-研究-宁夏 Ⅳ.①S664.4

中国版本图书馆 CIP 数据核字(2022)第 236489 号

责任编辑 李冠桥
责任校对 贾若妍 李向荣
责任印制 姜义伟 王思文

出 版 者 中国农业科学技术出版社
北京市中关村南大街 12 号 邮编：100081
电 话 (010) 82106632 (编辑室) (010) 82109702 (发行部)
(010) 82109709 (读者服务部)
网 址 https://castp.caas.cn
经 销 者 各地新华书店
印 刷 者 北京建宏印刷有限公司
开 本 170 mm×240 mm 1/16
印 张 12.75 彩插 16 面
字 数 238 千字
版 次 2023 年 7 月第 1 版 2023 年 7 月第 1 次印刷
定 价 70.00 元

资助项目

1. 2019 年宁夏回族自治区财政林业新技术引进及推广“大果榛子种苗快繁与配套栽培技术示范推广”项目（201906）

2. 2022 年中央财政林业科技推广示范项目“生态经济型旱生乡土植物林草间作效益提升技术示范推广”（编号〔2022〕ZY09 号）

3. 宁夏回族自治区第六批科技创新领军人才项目（编号 2020GKLR0100）

4. 宁夏退耕还林工程生态效益监测项目（2015—）

5. 国家重大科技基础设施“中国西南野生生物种质资源库”野生植物种质资源的调查、收集与保存（项目编号：WGB－1514、1605、2103）

项目主要参与人员

左　忠	马静利	宿婷婷	王云霞	刘立平
王家洋	潘占兵	贾　龙	温学飞	王　波
段　林	董方圆	温淑红	田生昌	程凤芝
王晓芳	伍会萍	范金鑫	张　宇	肖爱萍
付　晓	王全程	王　冠	牛　艳	张安东
王建军	高　媛	李燕玲	余海燕	王少云
董丽华	张建英	黄　婷	翟红霞	开建荣
王彩艳	吴　燕	单巧玲	杨　婧	杨彩艳
赵丹青	谢国勋	冯立荣	高昌鹏	季文龙
王宗华	孔丽婷	杨　慧	张二东	赵文君

内容简介

本书以宁夏榛子引种与栽培关键技术研究为重点，在充分集成总结国内外已有研究基础上，通过总结近 10 年的引种示范、研究得出的劳动成果编撰而成。全书共分 8 章，主要包括榛子资源、特性及产业现状，榛子主要利用价值研究，榛子国内外研究现状，宁夏大果榛子引种育苗及生长表现研究，宁夏产大果榛子主要特征及营养价值研究，宁夏大果榛子病、虫、草、冻害防治技术研究，宁夏大果榛子引种栽培综合效益研究，宁夏大果榛子引种栽培主要研究结果及产业前景展望等内容，旨在为支撑和推动宁夏榛子产业科学发展提供理论基础和研究依据。

内容简介

[illegible]

作者简介

左忠，男，汉族，1976 年生，宁夏盐池人，宁夏农林科学院林业与草地生态研究所研究员。长期致力于林地生态功能监测、植物资源开发与利用等方面的研究。先后主持国家、宁夏回族自治区项目 30 余项。获宁夏回族自治区科技进步奖一等奖 1 项、二等奖 4 项、三等奖多项。登记成果 10 项，制定地方标准 7 项，获专利 12 项，发表论文 40 余篇，出版专著 5 部。曾赴日本进修半年。宁夏回族自治区科技创新领军人才、高层次 D 类人才，宁夏农林科学院二级学科带头人。

马静利，女，1994 年生，宁夏大学农学院在读博士，主要研究方向为草地生态与管理。参与国家及宁夏回族自治区项目 8 项。发表核心期刊论文 3 篇。

宿婷婷，女，汉族，1993 年生，宁夏西吉人，硕士。2020 年 7 月毕业于宁夏大学草业科学专业，学术研究方向为草地生态、资源与环境。参与国家及宁夏回族自治区项目 5 项。发表核心期刊论文 2 篇。

王云霞，女，中共党员，1995 年生，宁夏隆德人。2021 年 6 月毕业于宁夏大学农学院农艺与种业专业，获专业硕士学位，主要研究方向为百合次生代谢物。参与国家及宁夏回族自治区项目 4 项。连续 2 年获学业奖学金，2021 年 5 月被评为校级优秀毕业生。发表核心期刊论文 3 篇。

自　序

平欧杂种榛（俗称大果榛子）是梁维坚研究员育成的平欧杂种榛系列中的主推品种的统称，2012 年由永宁县春之秋农林专业合作社的刘立平经理首次将其从沈阳引入到宁夏引黄灌区的永宁县内。自 2017 年开始，宁夏农林科学院林业与草地生态研究所团队介入该研究工作。2019 年宁夏宁苗生态园林（集团）股份有限公司在有效借鉴已有成功引种工作的基础上，于宁夏隆德县神林乡建立了 1 000亩[①]左右的榛子基地，系统开展了榛子引种及种植方面的关键技术研究，开展了适宜宁夏区域的榛子压条育苗、扦插苗木快速繁育技术研究与示范，总结集成出适宜于宁夏区域内推广应用的高效、快捷的榛子快速育繁技术体系，积累了丰富的工作经验。通过近 10 年的本土化攻关熟化，目前，已成功实现了量产和稳产，为宁夏榛子产业发展提供了技术保障。

近年来，成果完成单位在榛子研究领域先后承担了宁夏财政林业新技术引进及推广“大果榛子种苗快繁与配套栽培技术示范推广”项目（2019—2020 年）项目编号〔2019〕06 号、宁夏回族自治区科技创新领军人才项目、林业与草地生态研究所自主科技创新项目“大果榛子嫩枝扦插育苗关键技术研究”（2019—2020 年）、宁夏林草局退耕还林还草与“三北”工作站“宁夏退耕还林工程生态效益监测”（2015—2020 年）等项目的直接或间接资助下完成的，确保了本项目的顺利实施。

本成果是由项目主持单位宁夏农林科学院林业与草地生态研究所、永宁县春之秋农林专业合作社在多年工作基础上总结完成的阶段性专题研究型专著。

在全程田间调查、经验总结、监测研究、示范基地建设等方面，得到了永宁县春之秋农林专业合作社刘立平经理全力配合和密切支持。同时，宁夏宁苗生态园林（集团）股份有限公司段林经理、王建军工程师、伍会萍工程师、化

① 1 亩＝1/15 公顷，全书同。

荣工程师、宁夏防沙治沙与葡萄酒学院智红宁教授等同行也在成果的实施、研究基础数据收集、大田生产经验总结和示范基地建设等方面给予了充分支持。特别感谢大果榛子育种人梁维坚研究员、王贵禧研究员多次亲临指导相关工作。作为项目下达单位，宁夏回族自治区林业和草原局、宁夏回族自治区科学技术厅、宁夏农林科学院等单位在经费资助、技术指导与研究人员协助方面也提供了有力支撑，在此一并表示衷心感谢！

本书是多年来项目组共同努力的结果，汇聚了众多研究人员的科研成果。同时，在撰写过程中参考了大量文献和数据资料，是全体著者共同努力下完成的，是集体智慧的结晶。在此对参与长期示范研究、测试化验、数据分析、材料撰写、文献检索、科研管理和专著出版的每位可恭可敬的领导、同事、同行致以真诚的感谢！向大量参考文献的原创者致以诚挚的敬意！感谢每位劳动者的无私奉献！

著　者

2023 年 7 月

前　言

本书是对宁夏榛子引种栽培研究与示范主要工作的集成总结，通过对榛子物候期、林地小气候监测，不同激素适宜浓度处理及扦插育苗基质研究，对不同品种产地、施肥方式、干鲜榛子主要营养成分研究，以及对林木剩余物饲料化利用、病虫草冻害防治、不同培覆基质苗木繁育技术、修剪技术、苗木质量、生长表现、产量效益、品种识别等方面的探索研究，集成应用了适宜宁夏区域的榛子直立压条育苗技术、榛子斜干压条技术、榛子母树培养技术、榛子扦插育苗技术、田间生草管理技术，以及以水肥一体化节水灌溉、科学定植、修剪除萌、病虫草害监测防治等为重点的榛子田间综合配套管理等相关技术，系统掌握了榛子压条育苗关键技术，开展了苗木级别与成活率及生长特征研究，提出了适宜宁夏的苗木规格与苗龄，首次在宁夏尝试开展了榛子扦插育苗技术研究，初步探索出适宜榛子扦插育苗的关键技术，掌握了榛子科学种植现状，系统总结了榛子苗木快速繁育及科学种植关键技术，为实现宁夏榛子科学规范种植提供技术支撑和保障。

本书是面向宁夏及北方榛子生产与科研领域广大林草研究与生产的技术工作者、技术人员的参考用书。

对于书中不足之处，敬请同行专家和读者指正。

著　者

2023 年 7 月

目　　录

第一章　榛子资源、特性及产业现状

第一节　榛子种质资源分布及杂交利用现状

榛树为桦木科（Betulaceae）榛属（*Corylus*）坚果树种，世界约有20个种，广泛分布在亚洲、欧洲、北美洲的温带地区。2012年世界榛树栽培面积60万hm^2，总产量91.4万t，与2004年相比，8年内栽培面积增加了18.3%，坚果产量增加23.4%。其中土耳其栽培面积与产量分别占全世界的70.45%和72.17%（梁维坚等，2015）。2016年全球消费的带壳榛子超过9万t，占全球榛子产量不到10%，通过提取榛仁中的营养加工成食用产品消费94.89万t，并且全球榛子市场价值以5.9%的年增长率上升，2026年底将达到127亿美元的收入（梁容，2017）。榛子在国外日常食用非常普遍，榛仁加工食品在国外已有悠久的历史。欧美国家人均年食用榛子及其制品达5kg以上，由此可见，国外榛子及其加工食品的市场非常宽广，发展榛仁食品加工业，具有广阔的前景（梁维坚等，2015）。

榛树被学术界确认的有9个种，如美洲榛（*C. america*）、欧洲榛（*C. avellana*）、土耳其榛（*C. colurna*）等，但真正有食用价值的仅为欧洲榛。中国榛属植物分布纬度跨度较大，纬度范围为北纬24°31′~51°42′，北起黑龙江的呼玛县，南至云南省的安宁市；经度范围为东经85°55′~132°12′，西起西藏的聂拉木县，东达黑龙江省东部宝清县，从东北华北山区、秦岭和甘肃南部及河南—华中—西南呈斜带状分布。海拔100~4 000m都有榛属植物的分布。涉及北京、黑龙江、吉林、辽宁、内蒙古、河北、天津、山东、山西、陕西、河南、湖北、安徽、湖南、四川、重庆、贵州、江苏、江西、浙江、云南、甘肃、宁夏、青海和西藏等25个省（区、市）。

榛子在中国的自然分布范围虽然广泛，但是却一直处于野生利用状态，没有栽培和栽培种。中国原产榛子主要有 9 个种和 7 个变种，分别是川榛（*C. kweichowensis* Hu）、维西榛（*C. wangii* Hu）、刺榛（*C. ferox* Wall.）、滇榛（*C. yunnanensis* A. Ccmus）、绒苞榛（*C. fargesii* Schneid.）、华榛（*C. chinensis* Franch.）、毛榛（*C. mandshurica* Maxim.）、平榛（*C. heterophylla* Fisch.）、武陵榛（*C. wulingensis* Q. X.）；变种有短柄川榛（*C. kweichowensis* Hu var. *dievipes*. Liang W. J.）、藏刺榛［*C. ferox* Wall. var. *thibetica*（Batal.）Franch］等（张宇和等，2005）。平榛和川榛分布于我国东北、华北及陕西、甘肃等地，其果实可供食用，种子含油 51.6%，树、叶和总苞含鞣质，可提制栲胶。引进种有欧洲榛（包括变种扭枝榛、紫红叶榛子）、大果榛、尖榛等。平榛在东北三省、内蒙古地区分布，海拔范围为 100~1 200m，而在太行山地区的河北、山西地界则主要分布在海拔 1 000m 以上的山区。野生平榛资源约有 160 万 hm^2（王贵禧，2019）。宁夏产野生榛子 2 种，1 个变种，其中毛榛产于宁夏六盘山及罗山地区，平榛和川榛主要分布于宁夏六盘山，生于灌丛、林缘。

中国北方自古以来有食用榛坚果的习惯，采集食用及出售野生榛子（大果榛子）已有上千年历史（梁维坚等，2015）。但由于产量低、难以越冬等原因，人工栽培成果长期未能实现。鉴于大果榛子果实个小、果壳厚、出仁率低、产量不高等缺点，辽宁省经济林研究所于 20 世纪 70 年代分别开展了欧洲榛的引种及选种、大果榛子选优研究。但由于引进的欧洲榛不能适应中国东北寒冷的气候条件，于 1980 年以大果榛子为母本、欧洲榛为父本，开展了大果榛子与欧洲榛的种间杂交育种研究，1996—1999 年陆续选育出平欧种间杂交优系，称为平欧杂种榛（*C. heterophylla* Fisch. × *C. avellana* L.），俗称杂交榛子、大果榛子等，具有大果、丰产、抗寒性强、果仁质量好等特性。该研究成果为中国榛子生产从野生走向栽培提供了优良品种资源。从 2000 年开始栽培平欧大果榛子，已选育的优良品种达维、玉坠、辽榛 3 号、辽榛 7 号等陆续试栽，2006 年各地开始大面积种植平欧大果榛子（梁维坚等，2015）。

目前大果榛树已在全国 20 余个省（区、市）引种、推广，人工栽培及榛子产业发展非常迅速。

第二节　榛子形态及生长发育特征

一、树体

平欧杂种榛为落叶大灌木或小乔木，自然生长为丛状，树高可达 5~6m，而栽培榛树高为 3~5m。无性繁殖的榛苗 2~3 年开始结果，6~7 年进入盛果期，其株丛寿命可达 40~50 年。

榛树的树体由根、枝干、芽、叶、花、果实组成。

二、根

自然生长的榛树，一般为实生繁殖，其根属于实生根系，包括主根、侧根、须根及根状茎，主根明显，垂直向下较发达。而目前榛树的栽培种平欧杂种榛，是无性繁殖的自根苗，属于茎源根系，因此主根不明显，须根发达并向水平方向伸展生长，根系分布浅，一般在地表以下 5~80cm 的土层中都有分布，但集中分布区是在地表下 5~40cm 的土层范围内。榛树可产生根状茎，它是茎的变态，其上有节，节上有不定芽和退化的叶片以及须根和侧根。因此，根状茎具有茎与根的双重特征，其上的不定芽可以萌发伸出地面形成枝，叫作根蘖，根蘖可以长成新的株丛，其上的须根和侧根可以吸收水分和养分。根状茎在产生根蘖的同时，也产生了新的根状茎，不断产生不定芽形成根蘖。生产中常利用这一特性进行苗木繁殖。

三、枝干

自然生长的榛树枝干包括主枝、侧枝、副侧枝、延长枝。按其枝条的性质又可分为基生枝、营养枝、结果母枝、结果枝。

1. 营养枝

枝条上只着生叶芽或兼有雄花序的枝成为营养枝。它是榛树树体生长发育的重要组成部分，当营养条件适宜时，营养枝上形成雌花混合芽，变成结果母枝。

2. 结果母枝

由营养枝发育而来，其上着生雌花混合芽和叶芽，既能生长出结果枝，又能生长营养枝。

3. 结果枝

结果母枝上的雌花开花授粉后，混合芽萌发，生长成短枝（6~7 节），其顶部具有果序，这种具有果序的短枝称为结果枝。

4. 基生枝

由根颈部的基生芽（也是不定芽）萌发生长而成的枝为基生枝。基生枝生长旺盛，是树体形成灌丛的主要骨架。

正常生长的枝条，先端芽萌发最好，以下的芽依次减弱，这种现象称为顶端优势。一般顶芽下可形成 3~4 个枝条，生长粗壮的枝条成枝数量更多。

榛子有根状茎，其上产生不定芽容易萌发根蘖，生产上常用萌蘖来繁育苗木，但过多的萌蘖会消耗较多养分，不利于榛子开花结果，故在生长季节需多次去除萌蘖。

平欧杂交榛耐寒，东北地区可在-35℃的极端低温下安全越冬，但抗抽条能力较差，休眠期要求空气相对湿度达到 60%以上。山西太谷（华北地区）由于冬春季节干燥多风，往往造成雄花序抽干、枝干抽条等现象，严重时可导致多年生枝条抽死，冬季需埋土越冬或设置风障。经过多年观察，仅发现少数几个品系可以露地越冬。

四、芽

1. 榛树芽包括叶芽、花芽、基生芽和不定芽

（1）叶芽。着生在营养枝和结果母枝上，叶芽萌发形成营养枝和结果母枝。

（2）花芽。榛树的雌花芽为混合花芽，一般着生在结果母枝的中部以上，直至顶端，既有腋花芽也有顶花芽。有的还着生在雄花序的花轴基部。雌花先叶开放，然后萌芽生成结果短枝并结果。

（3）基生芽。着生在基生枝和根蘖的基部，即枝（茎）与根的交界处形成，其数量不定，在地面以上芽为绿色，在表土内基生芽呈白色或粉红色。基生芽萌发形成新的基生枝。

（4）不定芽。着生在根状茎上，它萌发出土形成根蘖。

2. 花芽特性

榛子雌雄同株异花，雄花为柔荑花序，雌花芽为混合花芽，与叶芽形态相似，只有在雌花开放、红色柱头露出时才能区分花芽和叶芽。雌花芽主要着生于1年生枝条中上部，细弱枝难成花或仅形成顶花芽，健壮的1年生枝除形成顶花芽外，侧芽常能分化出较多的腋花芽，形成一串花。榛子先开花后展叶，花期结束后开始营养生长，新梢刚开始生长时也不容易区分结果枝和营养枝，只有在果序露出后才能将二者区别开来。榛子也存在落花落果现象，花果脱落后结果枝就转变为营养枝。

3. 芽体容易受损伤

榛子叶芽和雌花芽离生，不能与枝条紧贴，外面的鳞片革质化不明显，保护能力差。冬季埋土时容易遭受机械损伤被碰掉或碰伤，春季抽梢枝条上的芽体受损后虽然部分可以萌发，但生长势较弱，叶片卷曲不能抽生新梢。

五、叶

榛子叶序为1/2叶序，叶片均匀排列在枝条两侧，翌年萌发形成的枝条很少形成背上枝，形似鱼刺且角度开张，容易成花结果（张鹏飞等，2010）。榛树萌芽之后，随着新梢的生长叶片依次展开，新梢加速生长，叶片迅速长大。榛树的叶片较大，自然生长的榛树，当叶幕层较厚时，下部叶片常因光照不足而变黄，早期脱落，而且下层枝叶生长细弱，结实能力差。当秋季植株停止生长时大部分叶片枯黄落叶，只有少数平欧杂种榛枯叶仍宿存在树上，直到翌年萌芽时叶子才完全脱落。宿存的叶片可以改善榛园的热量状况，从而保护株丛在严寒和少雪覆盖的冬季安全越冬。

六、花

榛树的花为雌雄同株异花，即单性花。雄花为柔荑花序，常由2~7个排成总状花序，着生于新梢中上部的节位上，每个花序为圆柱形，其上着生数百枚小花。花药黄色，椭圆形，2室纵裂，成熟的花粉为黄色。

雌花为头状花序，着生于1年生枝的中上部和顶端的混合芽中。雌花开花时，在花的顶端伸出一束柱头，呈鲜红色或粉红色，向外展开，柱头长 5~8mm，每一花序的柱头数量不等，8~30 枚，每朵花有 2 枚柱头，授粉后柱头变黑色并枯萎。

榛子雌花开放早，先开花后展叶，开花结束后需要经过约 2 个月的生长才可以看到果序。在山西太谷地区榛子雌花开放时间是 3 月中上旬，故修剪时期以 5 月果序露出时为宜，太早不容易区分结果枝和发育枝，过晚则修剪损伤较大、养分浪费较多，且修剪后的新梢不易成花。试验表明，5 月是花芽分化前营养积累的关键时期，此时枝条生长旺盛，修剪去除各种细弱枝、未结果枝可集中养分，使剩下的枝条生长充实形成花芽，也可使果实发育良好。另外，5 月可以清楚地观察到榛子 1 年生枝抽条情况，可针对抽梢程度不同采取相应的修剪方案。

七、果实

1. 榛树的果实为坚果，由果壳、果仁构成

果壳由外、中、内 3 层果皮形成坚硬的壳；果仁即种子，由种皮和两片叶子组成，即为可食部分。果实从外部形态可分为果顶、果基、脐线。

（1）果顶。果实的顶部称果顶。其形状因品种不同差异很大，大体分为 3 种类型：尖顶、圆顶和平顶。

（2）果基。果实与果苞紧密相连的底部称果基，其形状分为：平形、尖形、圆形。

（3）脐线。果实胴部与果基交界之处，称脐线。

2. 果实的形状

因品种不同而异，大体分为以下类型。

圆形、椭圆形、扁圆形（纵径小于横径）、长圆形、圆锥形；果壳的厚度不等，壳厚 1.29mm 以下为薄壳，1.3~1.59mm 为中厚壳，1.6mm 以上为厚壳；果面的颜色基本分为黄色、金黄色、黄褐色、红褐色 4 种类型，有的还具有彩色条纹或浅沟纹。

3. 榛树坚果外由绿色的果苞包裹，果苞呈钟状，开张或闭合

果苞按其长短分为 3 类：果苞与果实纵径相等；果苞短于果实纵径，果顶

露出果苞外；果苞长于果实，当果实完全成熟时，果苞变成黄褐色并开张，果实脱苞落地。

4. 果仁皮（种皮）

呈红褐色或褐色，其光洁度也因品种不同而异，可分为光洁、较光洁和粗糙3类。按其与果仁脱落程度难易可分为易脱落和不易脱落2种（本节引自梁维坚等，2015）。

第三节　榛树的生命周期

榛树同其他果树一样都有生长、结果、衰老、更新和死亡的过程，这个过程称为年龄周期，也称生命周期。认识生命周期的规律对控制树体达到结果、稳产、高产和长寿的目的具有重要意义。人工栽培的榛树，其繁殖方式为无性繁殖，已度过了幼年阶段，在适宜的条件下可随时开花结果。按其生长结果的明显转变划分为5个时期，即幼树期、初果期、盛果初期、盛果期和衰老期。

一、幼树期

幼树期为1~2年生。其特点是树冠和根系的生长速度快，叶片光合面积和根系吸收面积迅速扩大，同化物质积累逐渐增多，为首次开花结果创造条件。

二、初果期

初果期为3~4年生，从第一次开花结果到开始有一定的经济产量为止。其特点是树冠和根系加速发育，是生长速度最快的时期。由于叶果比例加大，花芽容易形成，产量逐年上升，表现为年年结果。

三、盛果初期

盛果初期为5~6年生，从有经济产量到产量稳定上升。其特点是坚果产量较高，并且稳定，营养物质消耗加大，枝条和根系生长仍然较快，树冠还在继续扩大。

此时期为了尽快达到盛果期，在农业技术方面要以轻剪和加强水肥管理为主，使树冠尽可能达到预定的最大营养面积。同时要缓和树势，使花芽形成量达到适度比例。生长过旺时可控制水肥，少施氮肥，多施磷钾肥。

四、盛果期

盛果期为7~30年生，从高产稳产到开始出现大小年和产量逐年下降的初期为止。其特点是：由于坚果产量高，消耗大量营养物质，枝条和根系生长受限，树冠达到最大限度。最后由于末端小枝衰亡（或回缩修剪），树冠又趋向缩小。

在盛果初期和盛果期，在农业技术措施方面，要进一步加强水肥管理，充分供应，细致更新修剪，均衡配备营养枝、结果母枝和结果枝，使生长、结果及花芽的形成达到稳定平衡状态。

五、衰老期

衰老期为31~50年生，从稳定高产状态被破坏，开始出现大小年且产量明显下降，直到几乎无经济收益，大部分植株不能正常开花结果以及死亡。其特点是地上地下分枝级数太多，输导组织相应衰老，贮藏物质越来越少。末端枝条和根系大量死亡，向心更新强烈发生，最终导致骨干枝、骨干根大量衰亡。

此期，榛树如果从根部发出强壮的根蘖，可以把原枝干砍掉，利用强壮的根蘖重新整形，加强深翻改土，增施肥料，更新根系，恢复树冠，这样比新建榛园速度快。而对于毫无经济价值的老树，应砍伐清园，重建新园（本节引自梁维坚等，2015）。

第四节　榛子国际产业化发展现状

榛子作为一种营养丰富的坚果，全球需求量大，在国际市场供不应求。2012年世界榛树栽培面积60万hm^2，总产量91.4万t，与2004年相比，8年内栽培面积增加了18.3%，坚果产量增加23.4%。其中土耳其栽培面积与产量分别占全世界的70.45%和72.17%（梁维坚等，2015）。根据国际坚果及干果协会统计，2016年全球带壳榛子总产量约90万t，其中土耳其约占66.7%，意大利约占14.4%，格鲁吉亚约占4.4%，阿塞拜疆约占3.8%，美国约占

3.5%，西班牙约占2.3%，智利约占1.3%，其他国家共约占3.6%。土耳其一直主导全球榛子价格，但由于近年受气候及供求变化的影响，榛子价格波幅较大（王贵禧，2017）。2016年全球消费的带壳榛子超过9万t，占全球榛子产量不到10%，通过提取榛仁中的营养加工成食用产品消费94.89万t，并且全球榛子市场价值以5.9%的年增长率上升，2026年底收入将达到127亿美元（梁容，2017）。

榛子在国外日常食用非常普及，榛仁加工食品在国外已有很久的历史。欧美国家人均年食用榛子及其制品达5kg以上。意大利费列罗集团（FERRERO）每年进口中国榛子，但我国榛子产量少，不能满足外国客户的需求。由此可见，国内外榛子及其加工食品的市场非常宽广，发展榛仁食品加工业具有广阔的前景（梁维坚等，2015）。

第五节　榛子国内人工栽培及市场现状

中国北方自古以来有食用榛子坚果的习惯，采集食用及出售野生榛子（大果榛子）已有上千年历史（梁维坚等，2015）。但由于产量低、难以越冬等原因，人工栽培成果长期未能实现。1999年，辽宁省经济林研究所经过20年的育种研究，培育出平欧杂种榛新品种。从2000年开始栽培平欧大果榛子，已选育的优良品种‘达维’‘玉坠’‘辽榛3号’‘辽榛7号’等陆续试栽。2006年各地开始大面积种植平欧大果榛子（梁维坚等，2015）。大果榛树已在全国20余个省（区、市）引种、推广，人工栽培面积及榛子深加工产业发展非常迅速。国内市场供不应求（梁容，2017）。目前，中国每年进口榛子约2万t（夏培兴，2018）。在国内，榛子栽培面积仅为核桃栽培面积的1%、栗树栽培面积的2.5%，发展空间和市场需求巨大。

相关数据表明，2013年，全国栽培平欧杂种榛约2万hm^2，2017年5万hm^2（王贵禧，2019），2018年已达6.53万hm^2，产量达6 500t（梁维坚，2019），2019年栽植面积8万hm^2（王贵禧，2019），成为中国近年非常具有开发潜力的特色经济林种之一。其中东北三省种植面积占全国总面积的82.66%，处于绝对优势。目前，中国每年进口榛子约2万t，国内外榛子及其加工食品的市场非常宽广（梁维坚等，2015），国内市场供不应求（梁容，2017）。随着人们生活水平日益改善，中国对榛子等保健食品的需求日益上升。榛树产业不断发展，全国榛子主产区苗木繁育、坚果营销、产品加工等相关产业也随之兴起。

如图 1-1 所示，2013 年全国栽培平欧杂种榛树约 2 万 hm^2。据不完全统计，2017 年全国榛树种植面积 5 万 hm^2（王贵禧，2019），2018 年达 6.53 万 hm^2，产量达 6 500t（梁维坚，2019）；2019 年栽植面积已达 8 万 hm^2（王贵禧，2019）。

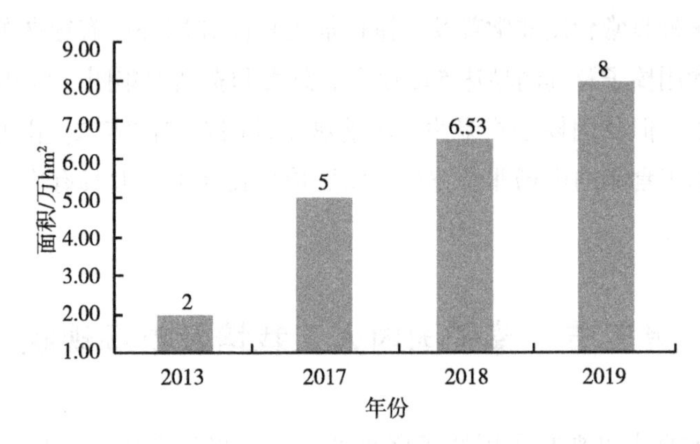

图 1-1　2013—2019 年中国榛子种植面积

如图 1-2 所示，截至 2019 年春季栽培结束，中国平欧杂种榛栽植面积达 8 万 hm^2。其中辽宁省 2.67 万 hm^2，黑龙江省 2 万 hm^2，吉林省 1.67 万 hm^2，山

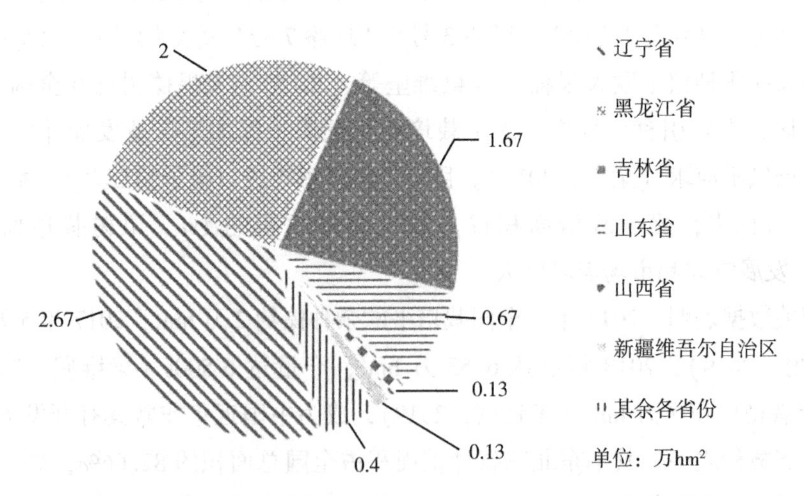

图 1-2　2019 年全国各省份榛子种植面积（王贵禧，2019）

东省 0.67 万 hm^2，山西省和新疆维吾尔自治区各 0.13 万 hm^2，其余各省份合计 0.4 万 hm^2（王贵禧，2019）。

2019 年全国各省份榛子种植面积所占比例如图 1-3 所示，辽宁省、黑龙江省、吉林省和山东省分别占 34.81%、26.08%、21.77%和 8.74%，累计占总面积的 91.40%。其中东北三省种植面积占全国总面积的 82.66%，处于绝对优势，山东省近几年产业发展也非常迅速。

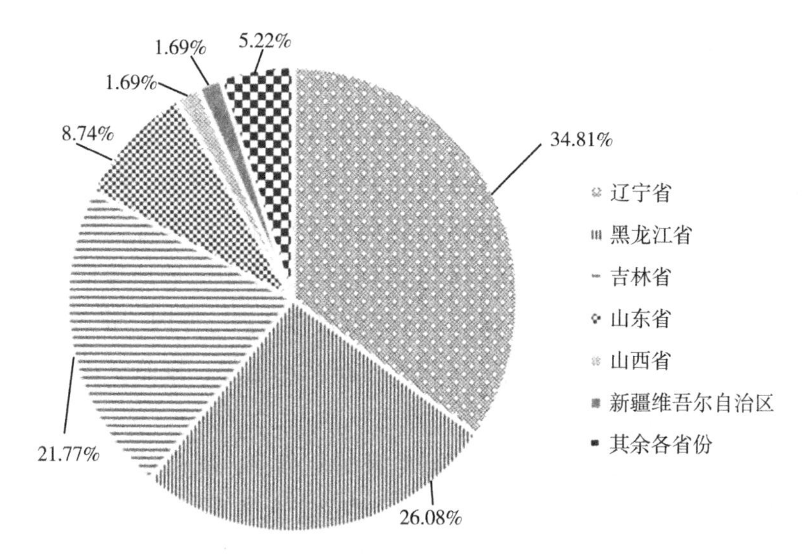

图 1-3　2019 年全国各省份榛子种植面积所占比例

第六节　宁夏榛子引种栽培现状

一、宁夏引黄灌区榛子产业现状

多年来，宁夏始终坚持把发展经济林生产作为农村经济结构调整和农民增收的主导产业。本研究符合国家“十三五”规划林业政策和一二三产业融合发展技术的需求，在成功引种栽培、扩繁发展、创收致富的同时，带动宁夏农民实现增收、脱贫。因此，实施大果榛子种植示范推广有利于进一步挖掘宁夏名优品牌，加快农业和农村经济结构调整，促进经济快速发展，提高单位耕地面积种植的经济效益，显著提高项目区农民收入和生活水平。同时榛子具有很强的根蘖性和旺盛的生长特性，对改善地区生态环境具有重要作用。

宁夏引黄灌区永宁县园林村最早由永宁县春之秋农林专业合作社，于2012年从辽宁引种‘达维’‘辽榛3号’‘辽榛7号’和‘玉坠’等品种。目前，建设规模达到103亩，其中60%左右均已进入盛果期，各项生长情况均表现良好，相关技术研究及育苗产业等正在同步进行。

二、宁夏南部山区榛子产业现状

从降雨、湿度、土壤、气温、光照等自然资源来看，宁夏南部山区是优良的榛子产区，历史上也是主要的野生榛子分布区。目前罗山、六盘山等均分布有相当面积的野生榛子，因此在该区域发展榛子产业，具有得天独厚的自然优势。2013年、2018年，相关人员曾在宁夏红寺堡、中卫压砂地等地区试种，但由于灌水条件、田间管理、空气湿度、短期的极端高温等原因，试种试验失败。

为深入贯彻党的十九大精神和习近平生态文明思想，按照宁夏第十二次党代会对固原“生态优先、富民为本、绿色发展”定位要求，2017年，固原市委、市政府在深化市情认识、认真调研论证的基础上，提出在全市开展“四个一”（一棵树、一株苗、一棵草、一枝花）林草产业试验示范工程建设。通过试验示范，选出适宜固原市不同地区的经济林、苗木、优质牧草、花卉等优新品种，把生态建设与脱贫富民紧密结合，种出产业、种出风景、种出财富，实现山绿与民富双赢、生态美与百姓富的有机统一。通过3年的发展，“四个一”工程已经取得初步成效。

大果榛子作为“一棵树”主要推广种植的树种，从原来的零星种植已经发展到目前已成为具有较大规模和影响力的新引树种。2019年，宁夏宁苗集团有限公司联合宁夏固原市林业产业发展中心、固原市隆德县，依托2018年中央财政林业科技推广示范项目“宁南山区平欧大果榛子高效栽培与繁育技术示范推广”项目，积极响应固原市的号召，于2019年在隆德县神林乡建立1 000亩大果榛子示范园，项目主要引进的品种有‘达维’‘B-21’‘玉坠’‘辽榛7号’，从林木选育、品种栽培、节水灌溉、适应性评价、主要技术模式总结集成及综合效益评价等方面，开展大果榛子高效栽培与繁育技术示范推广工作，旨在为总结形成丰产抗逆型大果榛子栽培技术标准，为进一步筛选优质大果榛子新品种并大面积推广种植提供科学依据。项目前期工作进展顺利，与精准扶贫项目、退耕还林后续科学种植项目、黄土高原小流域治理项目、国土绿化项目等进行有效整合，科学种植发展空间巨大。同时，在相邻的彭阳县、西吉县、泾源县等均有良好的后期发展空间，为大果榛子培育与推广奠定了良好的产业基础。

三、新品种引进及总体发展现状

整体来讲，宁夏榛子产业目前尚处于起步阶段，在宁夏范围内从南部山区的固原市，到宁夏引黄灌区银川平原的永宁县，均有部分成功的示范点或示范区，实现了成功定植、越冬、挂果等，为进一步深入开展相关技术研究和示范区建设提供了难得的供试材料和技术贮备。但由于技术起步较晚，各地区自然及生产条件、群众文化基础差异较大，现有品种适应性各异，前期基础研究与技术支撑、技术培训、苗木纯度、苗木质量把关等基础工作尚需同步跟进，切忌盲目无序发展，挫伤群众的参与积极性，影响成果健康发展。榛子育种、田间栽培、规范化管理、农机农艺及深加工综合配套技术等相关技术与产业链有待进一步开发和完善。

第二章　榛子主要利用价值研究

第一节　榛子主要经济价值

榛子是国际贸易中重要的干果之一，具有极高的经济价值，用途非常广泛，是最受人们欢迎的坚果类食品之一，享有“坚果之王”的美誉，与扁桃、核桃、腰果并称为“四大坚果”。在我国的《诗经》中，就曾有食用榛子的记载；明清年间，榛子甚至是专为宫廷所享用的坚果。吃榛子在古代欧洲同样也流行，他们种植榛子的历史有 700 年之久。榛子干鲜均可食用，近几年“干果鲜食”的消费需求很大，一些地方的榛子采后随即带苞销售，供不应求。鲜榛子的消费将有巨大的市场发展空间，进一步拓展了榛子产业的发展空间（王贵禧，2019）。国内市场原料缺口大，目前主要依赖土耳其、美国、意大利等进口以满足国内需求。中国每年进口榛子约 2 万 t，在开展相关深加工利用、产业链延伸等方面潜力巨大。

在榛子的树叶、树皮和果仁中还发现了抗癌物质紫杉醇，除榛子外目前只在太平洋紫杉树中发现过该物质。此外，榛树也可以作为十分珍贵的木材，其质地坚硬，纹理、色泽美观，可做小型细木工的材料；部分品种可作植被恢复及园林绿化树种。榛子油脂有利于脂溶性维生素在人体内的吸收，对体弱、病后虚羸、易饥饿的人都有很好的补养作用。榛子有天然香气，在口中越嚼越香，有开胃之功效。中医认为，榛子有补脾胃、益气力、明目健行的功效，并对缓解消渴、盗汗、夜尿多等肺肾不足之症颇有益处。榛子还具有降低胆固醇的作用，能够有效防止心脑血管疾病的发生。美国波特兰大学在试验中发现，榛子对于卵巢癌、乳腺癌等癌症具有很好的抑制作用，可以延长病人将近一年的生命。在榛子的主产地土耳其，除了单独食用以外，它更是各种糕点、冰激凌、巧克力等甜食中不可缺少的原料。随着榛子种植面积快速增加，其营养价值和药用价值逐渐被人们重视（孙俊，2014），在开展相关深加工利用、延长产业链、拓展市场方面具有一定的挖掘潜力。由此可见，大果榛子具有很好的营养价值和保健功能，但相同品种在不同地区种植，其果品品质、营养价值均会有不同程度的差异，因此探索研究大果榛子主要品种在宁夏地区种植表现，是开展新品种研究与示范推广的前提和基础。

本次引种是建立在国内榛子产业已具有相当的技术贮备基础上，并且在本区域已经有一定的技术积累前提下开展的。从很大程度上明显减少了项目实施的风险，同时，本研究对深入挖掘宁夏经果林产业潜力，创建新的名优品牌，加快农业和农村经济结构调整提供重要的技术支撑。项目试验示范区均是宁夏生态与经济产业最具潜力的区域，对引导该区域实现早日脱贫致富、改善地区生态环境、突破“三农”发展瓶颈、增加农民收入、树立新的示范基地均具有一定的现实意义。

项目的推广示范可以充分挖掘农村劳动力和土地资源，生产优质果品，满足人们对果品多样化、高档化、无公害化的需求，亩增收 5 000元以上。该项目具有可观的经济效益，能够使农民获得较好的收入。如在行间套种矮株经济作物，还能实现树下、树上一举两得的综合效益，进一步提高农民收入，也为宁夏农业发展方向开拓了一条新的思路。

第二节　榛子主要食用价值

榛子营养丰富，富含油脂（大多为不饱和脂肪酸）、蛋白质、碳水化合物、维生素（维生素 E）、矿物质、糖纤维、β-古甾醇和抗氧剂石炭酸等特殊成分，果仁中含蛋白质 16. 2%～21. 12%、脂肪 57. 1%～62. 1%，榛子中含有人体所需的 8 种氨基酸。这些都表明榛子具有高食用价值。

一、主要营养价值

榛子的营养物质极其丰富，果仁中含有大量的碳水化合物、蛋白质、脂肪，其中含蛋白质 15%，脂肪 54%，主要为油酸，多为不饱和脂肪酸，可有效控制血脂、调节血压、降低胆固醇、减少人体血液中的甘油三酯、防止冠心病等。榛仁中含色氨酸、赖氨酸等 10 种氨基酸（表 2-1）；含 Ca、P、K、Fe、Mg 等 9

种微量元素与矿物质，其中以 K 含量居首；含维生素 C、维生素 B_1、维生素 B_2、维生素 B_6、维生素 A、维生素 E 等（李秀霞等，1995；张斌，2006）。同时含有膳食纤维、植物固醇和抗氧化酚类，具有较高的食用价值，能为人类提供各种丰富的营养物质，对人体健康发挥着重要作用。100g 榛子可以提供 2 512~2 721kJ的热量（Alphan et al.，1997），碳水化合物含量为 10%~22%（Bonvehi et al.，1993），蛋白质含量为 10%~24%（Pala et al.，1996），脂肪含量为 50%~73%，包含各种人体必需的不饱和脂肪酸（Garcia et al.，1994）。由于不同产区榛子营养成分略有差异，据相关研究分析（梁维坚等，2015；张筱蓓，1995；珍珍，2005），每 100g 榛仁含脂肪 50.6%~63.8%，蛋白质 18.5%~25.3%，碳水化合物 16.5%。此外，每 100g 榛仁含碳水化合物 11.1~12.3g，粗纤维 9.6g，胡萝卜素 50μg，硒 0.78μg，尼克酸 2.9mg。有关紫杉醇抗癌的报道很多（Service，2000），意大利学者已经证实榛子的外壳和叶片中存在抗癌的化学成分紫杉醇类，它可以治疗卵巢癌和乳腺癌等癌症。

表 2-1　榛仁营养成分中不同种类氨基酸含量（孙俊，2014）　　单位：mg/100g

氨基酸种类	含量	氨基酸种类	含量
精氨酸	1 690	天冬氨酸	1 580
缬氨酸	1 216	亮氨酸	1 315
苯丙氨酸	827	异亮氨酸	705
赖氨酸	694	苏氨酸	670
色氨酸	292	蛋氨酸	253

注：表中数据为可食部 100g 的各种氨基酸含量。

二、矿质营养元素

榛子含有丰富的 P、Ca、K、Fe 等矿物质元素，对于增强体质、抵抗疲劳、防止衰老非常有益。Fe 对于增强体质、抵抗疲劳有很大作用；P、Ca 是构成骨骼、牙齿的主要成分，有利于老年人补钙，增强体魄，防止衰老。榛子还含有能使人体骨骼、皮肤、肌腱、韧带等组织坚固的 Mn（珍珍，2005；宁艳超等，2006；梁维坚等，2015）。榛子不但因营养物质丰富而被广泛食用，而且口味奇特，香味四溢，深受人们的喜爱（张罡，2017）。

三、维生素及其生理功能

榛仁含有丰富的具有重要生理功能的多种维生素，如维生素 B_1、维生素 B_2、维生素 B_6 和维生素 E，其中维生素 E 的含量在 100g 榛子中高达 33.9mg（珍珍，2005；宁艳超等，2006；梁维坚等，2015）。维生素有利于维持正常的视力和上皮组织细胞生长及神经系统的健康，增强消化系统功能，增进食欲。其中含量较高的维生素 E，也称生育酚，可预防动脉硬化和心脑血管疾病，增强免疫力、抵抗力，防肿瘤；可降低胆固醇，改善人体微循环，消除自由基，减少色斑，促进皮肤新陈代谢，改善皮肤弹性，起到良好的美容护肤作用（姜素勤等，2005）。维生素 E 还可以提高精子活力，增进和改善男性生育功能及防止孕妇流产，所以维生素 E 对维持人体正常的神经系统、生殖系统、视觉系统发挥重要的作用。另外，榛仁还具有较强的抗氧化作用，榛子中高含量的维生素 E 对其中的单不饱和、多不饱和脂肪酸不受氧化变味具有很好的保护作用（孙俊，2014）。同时，榛仁富含精氨酸和天冬氨酸，这两种氨基酸在一起可增加精氨酸的活性，并可以排除血液中氮，防止癌变，增强免疫力，消除疲劳（梁维坚等，2015）。

四、榛子脂肪酸含量及价值

医学研究认为油酸、亚油酸和亚麻酸是人体必需的脂肪酸，是人体生命所必需的营养成分，但不能被肌体合成，只能由食物供给。与胡麻油相似，榛子含有大量的不饱和脂肪酸，有利于脂溶性维生素被人体吸收，对体弱多病的人有着很好的补养作用（姜素勤等，2005）。在榛仁中检测到的 6 种脂肪酸中，饱和脂肪酸含量为 10.88%，不饱和脂肪酸含量为 89.12%，其中油酸含量最高，为 76.85%（关紫烽等，2003；宁艳超等，2006）。与胡麻油相似，榛子油中不饱和脂肪酸含量为 93.88%。在不饱和脂肪酸中单不饱和脂肪酸为 78.54%，多不饱和脂肪酸为 15.34%。单不饱和脂肪酸以油酸为主，具有降低血液中低密度脂蛋白胆固醇的功能，因此可以软化血管，维护毛细血管的健康，从而预防动脉硬化、高血压等心血管疾病（梁维坚等，2015），对减少心脏病、防治心血管病有很好的作用（孙俊，2014）。多不饱和脂肪酸进入人体后可生成卵磷脂，以促进脑神经发育和脑神经纤维髓鞘的形成，称为脑黄金（DHA），可提高记忆力、判断力，改善视神经，健脑益智。因此榛子特别适合脑力劳动者食用（孙俊，2014；梁维坚等，2015）。

第三节　榛子加工利用价值

榛子本身有一种天然的香气，具有开胃的功效，丰富的纤维素还有助消化和防治便秘的作用（张罡，2017）。榛子油粕可加工成饲料或肥料，榛子油也可作为蜡烛、肥皂、化妆品（庞发虎等，2002）和工业用油的原料，榛子的外壳既是制作活性炭的原料，又可以从中提取天然棕色素（徐清海等，2009），榛子树皮、果苞和叶子含单宁，可提取工业用胶。榛子叶片含粗蛋白质 15.9%，可作为动物饲料，也可用来养蚕（袁丽环等，2009）。榛子叶、枝、树皮和果壳中含紫杉醇，是制取防癌药剂不可缺少的重要原料。榛树的枝干粉碎后是人工栽培最佳培养基原料。榛子既可直接食用，又可加工成榛油、榛粉、榛乳、榛子果糖、糕点等。

一、榛子的主要食用方法

1. 坚果食用

榛树坚果可以带壳销售（鲜食、生食以及烤食），也可以脱壳销售榛仁，榛仁可为食品加工厂提供原料等。以宁夏产‘达维’品种为例，根据项目组 2019 年多次测得的数据表明，带壳榛子平均果径 1.35～2.76cm，果仁直径 1.17～2.02cm，单果鲜重 1.665～5.089g，风干干果质量 0.399～3.710g。果壳薄，为 0.7～1.1mm，出仁率高，一般可达 49.51%～74.84%，果仁乳白色，外形近卵圆状，成熟风干后的坚果有淡香气味，含油量大。近年来榛子生食、炒食、烤食市场消费量很大。

2. 鲜食销售

榛子本是坚（干）果，新鲜榛子咀嚼时有香脆感。近几年随着平欧大果榛子栽培的推广，产量逐年提高，“干果鲜食”的消费需求很大，一些地方的榛子采后随即带果苞销售，供不应求（王贵禧，2019）。鲜榛子就是刚刚采收的榛子，果仁水分没有蒸发。鲜榛仁有奶香、甜味，口味独特，人们很喜欢食用。

2014 年辽宁有几百吨鲜榛子销售到市场，深受消费者欢迎，种植者也获得了较高的收益（梁维坚等，2015）。平欧大果榛子在宁夏的成熟期在 8 月上中旬，正值旅游季节。2019 年，宁夏 8 月初新上市的带苞榛子鲜果售价可达 30 元/kg，由于其味甜、香脆、营养丰富，加之正值宁夏旅游旺季，成为当季新的广受欢迎的鲜食坚果之一。由于榛树规模化栽培历史较短，上市销售的鲜食榛果的比率仅占总量 20%，多数果实还是以加工为主（梁春莉等，2019）。在宁夏，榛子产业尚处于探索性发展阶段，因此，在高品质化、高效益化田间栽培与管理方式探索、支柱性产业培育、科学研究、品种筛选、品质保障、营养界定、产品包装、对外宣传、市场开拓、群众认可等方面任重而道远。

3. 鲜食采摘

榛子树体属大灌木、小乔木，成熟时压弯枝条，特别适合观光采摘；鲜榛子果壳因含有水分尚不太坚硬，而且榛子直径大小适合牙齿开张咬嗑，这为鲜榛子消费带来方便。鲜榛子口感脆而清香，咀嚼感好，没有怪味，深受广大消费者喜爱。由于不同地区榛子成熟期的差异，经销商为抢占市场，鲜榛子的异地采购销售交易量上升。鲜榛子的消费将有巨大的市场发展空间，做好鲜榛子的贮运保鲜具有应用需求（王贵禧，2019）。

4. 食品深加工

榛子的食用范围很广泛，可以不经加工直接食用，或者炒熟食用，也可作为各种食品加工的原料。随着榛子全产业链的不断延伸，榛子及相关制品日益呈现出多种形式，现有的主要产品有榛子乳、榛子露、榛子咖啡等饮料；有榛子糖果、榛子巧克力、榛子威化饼、榛子饼干、榛子糕点、榛子冰激凌等休闲食品；有榛仁、榛子蛋白粉、榛子油、榛子酱、榛子挂面，榛子烘焙蛋糕、面包、甜点及榛子啤酒等主食及深加工产品。相对于欧美来说，中国榛子加工产业由于起步较晚，整体技术比较落后，主要集中在炉火炒熟加工方面（张罡，2017），但近些年由于产业主导效果明显，发展速度较快，到目前为止，上述大部分产品包括制造设备在内均已完全实现了国产化。

榛子在国外得到广泛利用，其中 80%的榛仁用于巧克力产业，15%用于饼干、糕点等甜食的制造，5%则不经任何加工（Köksal et al.，2006）。中国大城市许多超市有意大利费列罗集团生产的榛果威化巧克力销售，该公司生产的巧克力及糖果畅销欧洲及世界各国，取得较高的经济效益（梁维坚等，2015）。在美国，榛子酱因被认为比花生酱更有营养而备受推崇；在奥地利特别是维也纳，榛子酱是制造榛子蛋糕必不可少的原料；用榛子作为原料制成的伏特加酒在美国和欧洲东部越来越受欢迎；榛子也是受欢迎的一种调味料或咖啡调味料，尤其多用于拿铁咖啡；榛子广泛应用于糖果产业，与巧克力制成各式糖果，澳大利亚每年进口超过2 000t的榛子，其中大部分用于满足吉百利公司生产牛奶巧克力原料的需求（张罡，2017）。

二、榛子油加工与利用

榛子油是典型的高端木本膳食油（梁维坚等，2015）。榛子种仁可用于榨取食用油和工业用油，其含油量是大豆的2倍左右。榛子压榨出来的油可作为高级食用油，香味浓厚，其油酸含量高达82.1%（王明清，2003），是优良的不饱和脂肪酸来源。榛子油通过原料精选、破碎、蒸炒、挤压，以现代工艺与传统工艺相结合的“物理冷榨法”工艺生产，再经过滤提纯而成，既保持了榛子的原汁原味，香味醇厚，又富含维生素E，生育酚活性很高，同时富含油酸，是优良的不饱和脂肪酸来源和抗氧化剂。非转基因型传统育种方法培育，性状稳定，品质纯正，不含溶剂残留、黄曲霉毒素和皂含量，是新兴的高端木本膳食油。具有烟点高、热稳定性好的特性，可以在210℃加热，10~20min内无变化。

三、榛子专用品种定向培育与加工利用

根据坚果的不同用途选择品种也是重要的一个环节。例如用于烤食榛子出售，可选择‘玉坠’作为主栽品种，该品种坚果小（单果重2.0g），但果壳薄，出仁率高，果仁味香，最适烤食出售，它的品质远高于野生榛子。如果要求带壳销售，则需要外形整齐、美观，例如‘辽榛7号’，坚果红色，整齐度高，美观。‘辽榛3号’坚果金黄色，外形整齐，也很受消费者青睐。如果是为榛仁食品加工厂提供原料，需要上机器脱壳加工，应选择坚果圆形或近于圆形。例如选择品种‘达维’，其果形指数0.76~0.80，‘平欧28’的果形指数0.97，‘辽榛9号’果形指数0.85，以上品种均符合加工要求（孙阳等，2017）。

第四节 榛子等主要木本油料植物资源营养价值分析研究

近年来，随着人们生活水平的日益改善和提高，深入开拓各类优势油脂植物资源逐渐成为农林业研究热点之一，而挖掘木本油料的生产和资源潜力，是提高我国食用植物油自给率的有效手段，在一定程度上改变了我国油料油脂供给不足的现状。木本油料植物资源具有来源丰富、品质天然、资源可再生等特点，同时也是人们日常生活必备的消费品。目前，木本油料植物的开发利用已成为世界各国解决食用油缺口的重要渠道和方向。欧洲部分国家基本实现了食用油木本化。2014 年国务院办公厅印发了《国务院办公厅关于加快木本油料产业发展的意见》，部署加快木本油料产业发展，切实维护国家粮油安全，提出到 2020 年建成 800 个油茶、核桃等木本油料重点县（王伟等，2018）。

目前，市场上一些具有特色营养价值的食用植物油，如核桃油、葡萄籽油、杏仁油等因市场份额小，一般被统称为特色食用植物油（薛莉，2018）。部分特色食用植物油因原料较少，价格较为昂贵，市场供应量小，因此又被称为特种食用植物油或高端食用植物油（程黔等，2013）。特色食用植物油作为普通植物油的一种延伸和创新，可有效缓解我国食用植物油自给率不足的现状，同时也可填补国民大宗油料作物所不具备的营养价值，满足消费者对营养健康食用植物油市场多样性的需求（黄凤洪等，2003；张飞等，2010），也是发展高级食用调和油不可替代的天然原料。其中以核桃、油茶、橄榄、文冠果、大果榛子等木本油料资源开发与利用研究尤为火热。以核桃为例，2015 年全国核桃种植面积 600 万 hm^2、产量 330 万 t，与 2011 年的 458. 8 万 hm^2、产量 165. 6 万 t 相比，4 年内种植面积增长了 31%，产量增长了 99. 4%（王伟等，2018）。油茶籽产量也逐年快速增长，2016 年全国产量约 240 万 t，同比增长 11%（薛莉，2018）。大果榛子全国种植面积也由 2013 年的 2 万 hm^2 增加到了 2019 年的 8 万 hm^2（解明，2019；王贵禧，2019；梁维坚，2019），栽培面积 6 年增加了 4 倍，成为中国近些年来新的、非常具有开发潜力的特色经济林种之一。

自 1999 年，辽宁省经济林研究所培育出木本油料植物平欧杂种榛系列新品种以来，2006 年各地开始大面积种植平欧大果榛子（梁维坚等，2015）。大果榛子营养物质极其丰富，果实的种仁中除含有大量蛋白质、脂肪外，多种矿物质元素的含量也很丰富（李秀霞等，1995；张斌，2006）。榛子含有丰富的P、Ca、Mg、K等矿物质元素。其中，P、Ca是构成骨骼、牙齿的主要成分，有利于老年人补钙，增强体魄，防止衰老（梁维坚等，2015）；榛子中P、Ca和Fe，对增强体质、抵抗疲劳、防止衰老非常有益（珍珍，2005；宁艳超等，2006）；榛子中富含的Ca、Mg和K等微量元素，长期食用有助于调整血压，对视力也有一定的保健作用（张罡，2017）。由此可见，大果榛子具有很好的营养价值和保健功能，但由于相同品种在不同地区栽培，其果品品质、营养价值均会有不同程度的差异，因此探索研究大果榛子主要品种在宁夏地区栽培表现，是开展新品种研究与示范推广的前提和基础。

一、大果榛子等常见木本植物种子脂肪酸组成分析

近些年木本油脂资源开发成为研究热点，以胡麻油为对比材料，分析了大果榛子、长柄扁桃（*Amygdalus pcdunculata* Pall.）、文冠果、牡丹籽油、橄榄油、元宝枫（*Acer truncatum* Bunge）、五角枫（*A. elegantulum* Fanget P. L. Chiu）、三角枫（*A. buergerianum* Miq.）、鸡爪槭（*A. palmatum* Thunb.）、复叶槭（*A. negundo* L.）等较为常见的木本油料植物资源脂肪酸含量，旨在为客观分析评价胡麻油及常见主要木本植物种子脂肪酸组成提供技术借鉴。

从表2-2可以看出，几类木本植物棕榈酸含量均介于1.54%~6.32%，与胡麻油接近（5.6%~5.8%）。硬脂酸含量0.57%~2.85%，较胡麻油低（3.8%~3.9%），但都很接近。单不饱和脂肪酸油酸除大果榛子、长柄扁桃和杏仁含量79.58%、68.8%、66.4%明显偏高外，其余木本植物油酸含量在14.16%~29.31%，均与胡麻油接近（18.6%~22.1%）。亚油酸除大果榛子与胡麻油含量接近，其余木本植物均高于胡麻油，特别是核桃含量达62.2%，是胡麻油4倍左右。多不饱和脂肪酸亚麻酸是评价食用植物油品质的主要指标之一，含量越高，油品越好。木本植物亚麻酸含量0.08%~1.94%，胡麻油含量达42.6%~50.4%，均远远高于各类木本植物，说明与这8类木本油料相比，胡麻油亚麻酸含量明显较高。

二、大果榛子等常见木本植物种子维生素组成对比分析

由表2-3可知，阿月浑子坚果仁中维生素A的含量最高，为28μg/100g，

表 2-2　几种常见木本植物种子脂肪酸组成及质量分数

单位:%

脂肪酸组成	元宝枫	五角枫	三角枫	鸡爪槭	复叶槭	长柄扁桃	核桃	杏仁	文冠果	大果榛子	胡麻油
棕榈酸 C16：0	4.92	4.12	6.32	5.30	3.77	1.54	5.7	4.2	3.4	3.73	5.6~5.8
棕榈油酸 C16：1	—	—	0.40	—	—	0.15	—	—	—	—	—
十七酸 C17：0	0.08	0.08	0.23	0.07	0.10	—	—	—	—	—	—
硬脂酸 C18：0	2.62	2.34	2.85	1.40	2.62	0.57	2.7	1.2	1.5	1.73	3.8~3.9
油酸 C18：1	26.48	27.99	25.37	14.16	29.31	68.8	19.7	66.4	27.3	79.58	18.6~22.1
亚油酸 C18：2	32.72	30.62	36.42	38.24	31.55	28.69	62.2	25.1	47.4	14.35	14.3~18.1
亚麻酸 C18：3	1.94	1.72	0.39	1.65	1.07	0.08	9.2	0.1	0.3	0.15	42.6~50.4
十八碳三烯酸 C18：3	—	—	1.35	3.74	3.88	—	—	—	—	—	—
花生酸 C20：0	0.21	0.24	0.27	0.27	0.30	—	0.3	—	—	—	—
花生一烯酸 C20：1	8.22	8.71	5.18	4.91	6.71	0.17	—	—	—	—	—
山嵛酸 C22：0	0.76	0.48	0.97	1.08	1.02	—	—	—	—	—	—
芥酸 C22：1	15.81	16.64	12.75	17.79	13.60	—	—	—	11.2	—	—
木蜡酸 C24：0	0.16	0.21	0.16	0.18	0.27	—	—	—	—	—	—
神经酸 C24：1	4.49	5.48	6.21	9.41	4.30	—	—	—	—	—	—
饱和脂肪酸	8.74	7.46	10.78	8.29	8.07	2.11	8.7	5.4	4.9	5.46	9.4~9.7
不饱和脂肪酸	89.64	91.15	88.05	89.89	90.40	97.89	91.1	91.6	86.2	94.54	75.5~90.6

注：引自牛艳，2020。部分摘选自李娟娟等，2018；牛艳等，2018；许新桥等，2015；罗青红等，2013；殷振雄，2014。“—”表示未检测到。

表 2-3　榛子等主要木本植物坚果仁中维生素含量

维生素	榛子	长柄扁桃	核桃	山核桃	美洲核桃	松子	扁桃仁	山毛榉	巴西坚果	腰果	板栗	椰子	澳洲坚果	橡树	阿月浑子
维生素 A（μg/100g）	1.0	0.0	1.0	7.0	0.0	0.0	0.0	0.0	0.0	0.0	1.0	0.0	0.0	3.0	28.0
维生素 C（mg/100g）	6.3	0.0	1.3	2.0	1.1	0.8	0.0	15.5	0.7	0.5	40.2	3.3	1.2	0.0	5.0
α-维生素 E（mg/100g）	15.0	1.4	13.0	0.0	1.4	9.3	25.9	0.0	5.7	0.9	0.0	0.2	0.5	0.0	2.3
β-维生素 E（mg/100g）	0.3	0.0	0.0	0.0	0.4	0.0	0.4	0.0	0.0	0.0	0.0	0.0	0.0	0.0	0.0
γ-维生素 E（mg/100g）		33.4	20.8	0.0	24.4	11.2	0.9	0.0	7.9	5.3	0.0	0.5	0.0	0.0	22.6
δ-维生素 E（mg/100g）	0.0	2.2	13.0	0.0	0.5	0.0	0.3	0.0	0.8	0.4	0.0	0.0	0.0	0.0	0.8
维生素 K（μg/100g）	14.2	0.0	0.3	0.0	3.5	53.9	0.0	0.0	0.0	34.1	0.0	0.2	0.0	0.0	0.0
维生素 B_1（mg/100g）	0.6	0.4	0.3	0.9	0.7	0.4	0.2	0.3	0.1	0.4	0.1	0.1	1.2	0.1	0.9
维生素 B_2（mg/100g）	0.1	0.4	0.2	0.1	0.1	0.2	0.8	0.4	0.0	0.1	0.0	0.0	0.2	0.2	0.2
维生素 B_3（mg/100g）	1.8	4.6	1.1	0.9	1.2	4.4	3.9	0.9	0.3	1.1	1.1	0.5	2.5	2.4	1.3
维生素 B_5（mg/100g）	0.9	0.4	0.6	1.7	0.9	0.3	0.3	0.9	0.2	0.9	0.5	0.3	0.8	0.9	0.5
维生素 B_6（mg/100g）	0.6	0.2	0.5	0.2	0.2	0.1	0.1	0.7	0.1	0.4	0.4	0.1	0.3	0.7	1.7
维生素 B_{12}（μg/100g）	0.0	0.0	0.0	0.0	0.0	0.0	0.0	0.0	0.0	0.0	0.0	0.0	0.0	0.0	0.0
甜菜碱（mg/100g）	0.4	0.0	0.3	0.0	0.7	0.4	0.5	0.0	0.4	0.0	0.0	0.0	0.0	0.0	0.0
叶酸（μg/100g）	113.0	71.4	98.0	40.0	22.0	34.0	50.0	113.0	22.0	25.0	58.0	26.0	11.0	87.0	51.0

注：引自牛艳，2020。长柄扁桃坚果仁中维生素含量数据来自王伟等，2018；其他坚果数据来自 Alsdslvar 等，2009。

远高于其他坚果（0~7μg/100g）。而维生素 C 的含量在板栗中最高（40.2mg/100g），橡树、扁桃仁、长柄扁桃的含量为 0mg/100g。扁桃仁中 α-维生素 E 和 β-维生素 E 的含量最高，分别为 25.9mg/100g、0.4mg/100g，橡树、山毛榉、板栗、山核桃的 α-维生素 E 含量为 0mg/100g。长柄扁桃中 γ-维生素 E 的含量在坚果仁中最高，为 33.4mg/100g，橡树、山毛榉、板栗、山核桃、澳洲坚果的含量为 0mg/100g。核桃中 δ-维生素 E 含量最高为 13.0mg/100g，其他大部分坚果仁含量为 0mg/100g。松子中维生素 K 的含量最高为 53.9μg/100g，腰果次之（34.1μg/100g），而核桃和椰子仅为 0.3μg/100g、0.2μg/100g。甜菜碱在美洲核桃中最高为 0.7mg/100g，其次是扁桃仁（0.5mg/100g），巴西坚果、榛子、松子均为 0.4mg/100g，核桃 0.3mg/100g，其余坚果为 0mg/100g。山毛榉和榛子中叶酸含量最高，均为 113.0μg/100g，澳洲坚果中最低（11.0μg/100g）。以上木本植物坚果仁中均不含维生素 B_{12}。

第五节　榛树枝叶饲用价值对比研究

榛树是重要的坚果树种，也是一种重要的木本油料树种（梁锁兴等，2015），其果实——榛子营养价值较高（孟祥敏，2018），含有的油酸是一种优质的功能性油脂（邓娜等，2017），可以有效预防癌症和心脑血管等多种疾病（席海源等，2017）。本次试验的平欧杂种榛，兼具了平榛抗寒、适宜性好、耐瘠薄和欧洲榛果大、丰产、壳薄的共同特点（赵文琦，2017）。其他处理的试验材料包括苜蓿（*Medicago Sativa* L.）、桑树（*Morusalba* L. sp.）、榆树（*Ulmus pumila* L.）。其中苜蓿是中国北方常见的多年生优良豆科牧草，适口性好，营养价值很高。桑树枝叶中富含蛋白质，尤其是叶片中含量丰富（祖国庸，1982），易于被家畜消化吸收，是北方常用的乔木饲料。榆树叶中含有相当多的矿物质和胡萝卜素，喂食榆树叶面粉可预防维生素缺乏症（郑延平，2007），也是北方常见的抗灾荒可食性植物及乔木饲料。

枝条作为树木有机养分合成、输送、贮藏的重要构件，起着物理支撑和养分运输通道的重要作用，是乔灌木树种主要的饲用原料。叶片在光合作用中起着关键作用（王谢等，2017），是各类饲用植物重要的组成部分。一般认为稳定的叶片营养元素含量可代表树体的营养状态（彭立新等，1992）。

粗蛋白质和纤维可作为衡量牧草相对饲用价值的主要指标（李光耀等，2014）。1964 年 Van Soest 将粗纤维划分为中性洗涤纤维（NDF）、酸性洗涤纤维（ADF）和酸性洗涤木质素（ADL）（熊乙等，2018），通过计算可以得出饲料中纤维素、半纤维素和木质素的含量（钱杨等，2018）。NDF、ADF 和 ADL 是难溶性物质，其含量越高，消化率越差，营养价值越低（贾婷婷等，2017）。

榛子中含有较高的蛋白质、维生素，故可用于制作榛子粉，具有很高的经济价值（彭琴等，2016）。但果实在进入成熟期前，其内部的营养物质主要由树体提供，故本次研究以榛树的枝叶为研究对象，对榛树当年生枝条、榛树 2 年生枝条、榛树枝叶混合样与榛叶主要营养成分含量与具有一定饲料价值的乔木桑树、榆树和传统饲草苜蓿分析对比，以期对榛子营养及饲用价值研究提供依据。通过对比榛子与北方常见几类饲用植物的营养成分差异，对榛子的营养与经济价值进行量化评价，旨在为榛子营养成分的进一步提高提供理论依据，为其实现科学种植提供理论依据和技术支撑。

一、材料与方法

1. 试验区概况

研究区位于宁夏回族自治区银川市永宁县望洪镇园林村榛子园，地处银川平原引黄灌区中部，其位置为北纬 38°26′~38°38′，东经 105°49′~106°22′。该县地处中温带干旱气候区，生态环境相对脆弱（王绍娜，2016），年均温 8.7℃，无霜期 167d，年均降水量为 201.4mm（朱小芳等，2018），降水分配不均匀，主要集中在 7 月、8 月、9 月 3 个月，且降水稀少蒸发强烈，光照充足，但昼夜温差较大。

2. 试验设计

榛树选择抗寒性、丰产性较好的林龄为 7 年的‘达维’品种进行取样研究，随机采集树冠上榛树当年生枝条、榛树 2 年生枝条、苜蓿、桑树、榆树的枝叶混合样进行研究，其中乔灌木枝条直径均≤1cm。各样品均于 6 月 29 日在饲用价值相对较好的生育期内采集后阴干处理。

3. 测定项目与方法

将试验材料带回实验室进行饲用营养价值的测定。首先将测定样品风干后烘干至恒重，用微型粉碎机粉碎后测定饲用营养成分。其中粗脂肪（EE）的含量采用索氏抽取法测定；粗蛋白质（CP）的含量采用凯氏定氮法测定；粗灰分（Ash）含量的测定采用马弗炉高温灼烧法；水分含量采用烘箱干燥法进行测定；酸性洗涤纤维（ADF）、中性洗涤纤维（NDF）、酸性洗涤木质素（ADL）和粗纤维含量采用纤维测定仪测定。

无氮浸出物（NFE）含量的计算公式如下：

NFE＝100－（水分含量+灰分含量+粗蛋白质含量+粗脂肪含量+粗纤维含量）

4. 数据分析

利用 Excel 软件进行数据的初步整理与计算，DPS 进行单因素方差分析，$P<0.05$ 表示差异性显著。

二、结果与分析

1. 不同榛子枝叶主要营养成分分析

不同植物主要营养成分如表 2-4 所示。榛树当年生枝条粗脂肪含量最高，为 141.51g/kg，显著高于其他处理（$P<0.05$），苜蓿和榛树 2 年生枝条粗脂肪含量最低，分别为 62.93g/kg、66.16g/kg，榆树和榛叶的差异性不显著。

表 2-4　不同植物与榛树枝叶主要营养成分分析

种类	粗脂肪/(g/kg)	粗蛋白质/(%，DM)	粗灰分/%	水分/%	无氮浸出物/%
苜蓿	62.93±2.45e	14.26±0.05a	7.50±0.30c	9.02±0.12d	27.15±0.13f
桑树	87.86±2.13c	12.04±0.02b	9.25±0.25b	10.06±0.04b	39.48±0.4c
榆树	135.49±1.34b	10.14±0.05e	6.60±0.10d	9.38±0.04c	30.62±0.19d
榛叶	135.45±2.66b	10.97±0.00c	10.70±0.10a	9.81±0.11b	40.07±0.35c
榛树枝叶混合样	78.76±0.40d	10.84±0.05d	7.00±0.00cd	10.40±0.11a	46.19±0.26a
榛树当年生枝条	141.51±0.73a	5.75±0.05f	5.05±0.05e	8.73±0.08e	28.70±0.59e
榛树 2 年生枝条	66.16±0.57e	3.18±0.02g	2.60±0.10f	7.78±0.08f	43.66±0.29b

注：同列不同字母表示处理间显著差异（$P<0.05$）。

苜蓿粗蛋白质含量为 14.26%，显著高于其他植物（$P<0.05$），榛树 2 年枝条粗蛋白质含量最低，不同植物间粗蛋白质含量大小为：苜蓿>桑树>榛叶>榛树枝叶混合样>榆树>榛树当年生枝条>榛树 2 年生枝条。榛叶的灰分含量最高，为 10.70%，显著高于其他（$P<0.05$），榛树 2 年生枝条灰分的含量显著低于其他植物，而苜蓿和榛树枝叶混合样灰分含量的差异性并不显著（$P<0.05$）；榛树枝叶混合样水分最高，为 10.40%，榛树 2 年生枝条最低，为 7.78%，不同植物枝叶水分含量的顺序为：榛树枝叶混合样>桑树≈榛叶>榆树>苜蓿>榛树当年生枝条>榛树 2 年生枝条。榛树枝叶混合样的无氮浸出物含量最高，显著高于其他植物（$P<0.05$），苜蓿的无氮浸出物含量最低，为 27.15%。

2. 不同榛子枝叶粗纤维含量分析

榛树枝叶中粗纤维成分含量如表 2-5 所示。

表 2-5　不同植物与榛树枝叶粗纤维含量分析

种类	中性洗涤纤维/%	酸性洗涤纤维/%	酸性洗涤木质素/%	粗纤维/(g/kg)
苜蓿	53.42±0.46c	40.26±0.59d	0.13±0.01b	359.42±2.66b
桑树	41.76±0.28e	34.18±0.16f	0.10±0.01c	203.82±5.22d
榆树	40.63±0.43e	38.53±0.30e	0.22±0.02a	297.49±0.57c
榛叶	47.52±0.05d	37.36±0.29e	0.14±0.01b	149.16±1.02f
榛树枝叶混合样	47.54±0.50d	45.26±0.35c	0.12±0.01bc	177.25±1.69e
榛树当年生枝条	68.58±0.82b	57.78±0.81b	0.21±0.00a	376.05±5.96a
榛树 2 年生枝条	79.26±0.79a	59.61±0.25a	0.22±0.00a	361.13±4.62b

注：同列不同字母表示处理间显著差异（$P<0.05$）。

榛树 2 年生枝条的中性洗涤纤维、酸性洗涤纤维和酸性洗涤木质素要显著高于其他植物（$P<0.05$），粗纤维含量仅次于榛树当年生枝条，与苜蓿的粗纤维含量差异不显著。榛叶和榛树枝叶混合样中性洗涤纤维含量的差异性并不显著，桑树和榆树中性洗涤纤维含量的差异不显著，但显著低于其他植物（$P<0.05$）。榆树、榛树当年生枝条和 2 年生枝条的酸性洗涤木质素含量之间差异不显著，但三者显著高于其他植物（$P<0.05$），苜蓿、榛叶和榛树枝叶混合样中酸性洗涤木质素含量差异不显著。粗纤维含量的大小顺序为榛树当年生枝条>榛树 2 年生枝条≈苜蓿>榆树>桑树>榛树枝叶混合样>榛叶，榛树当年生枝条粗纤维含量显著高于其他植物（$P<0.05$），榛叶的含量最低。

根据李巧云（2006）研究表明（表2-6），榛子叶片的营养成分中粗蛋白质含量丰富，在15%以上；榛子叶片粗纤维的含量变化不大，榛子叶片粗纤维平均含量稍高于一般饲料，属于饲料中脂肪含量中上等的植物。叶片中粗脂肪的含量随叶片序数增大而增加，这可能是由于随着叶片逐渐发育，各种有机物不断积累所致。无氮浸出（NFE）是非常复杂的一组物质，包括淀粉、可溶性单糖、双糖，一部分果胶、木质素、有机酸、单宁、色素等。在植物性精料中，无氮浸出物以淀粉为主，在青饲料中以戊聚糖为最多。淀粉和可溶性糖容易被各类动物消化吸收。榛子叶中无氮浸出物含量适中，适口性好，消化率高，是动物能量的主要来源。榛子叶片中粗灰分的含量8.39%，比洋槐叶、紫穗槐叶、柳树叶的多，比杨树叶、箭竹叶、苹果叶、桑树叶的少，无机营养意义较大，达到优良饲草的标准。可见榛子叶的营养价值高，并且来源广，用它作饲料，既可以降低成本，亦可促进动物的发育。只是榛子叶片中含有单宁（刘纪成等，2006），有涩味，适口性比较差，需要经过发酵或青贮等加工后才能喂养（袁丽环等，2009）。

表2-6　不同饲料植物叶中营养成分的含量（李巧云，2006）　　单位：%

营养成分	柳树叶	杨树叶	紫穗槐叶	箭竹叶	榛子叶	苹果叶	泡桐叶	洋槐叶	桑树叶
粗蛋白质	11.1	25.1	25.02	11.6	15.9	9.8	18.09	22.5	18.90
粗纤维	11.96	19.3	12.5	27.1	18.9	8.0	10.9	17.5	11.7
粗脂肪	2.11	2.9	4.1	2.1	6.84	7.0	4.5	2.7	4.1
无氮浸出物	54.13	33.0	40.5	34.88	44.92	59.8	54.83	44.6	45.1
粗灰分	8.1	11.2	5.98	10.9	8.39	10.1	8.4	7.9	9.6

3. 讨论

榛属植物分布的省份包括黑龙江、吉林、辽宁、内蒙古、河北、甘肃、宁夏、青海和西藏等25个省（区、市）（霍洪亮等，2016）。目前大果榛树已在全国20余个省（区、市）引种、推广，人工栽培及榛子产业发展非常迅速。据不完全统计，2017年全国榛树种植面积5万hm^2（王贵禧，2019），2018年已达6.53万hm^2，产量达6 500t（梁维坚等，2019）；2019年，栽植面积达到8万hm^2（王贵禧，2019），发展潜力和市场需求巨大。由于树木自身遗传特性和种植环境的不同，故树木营养成分的差异不仅表现在不同树种之间，同一植株不同的枝叶含量也不相同。目前国内研究主要集中于对榛仁营养成分的研究，而对于不同种类不同时期的榛树枝叶中营养成分含量的研究较少，故本研究在对不同年份榛子枝叶的营养成分含量分析的基础上，对比苜蓿、桑树、榆树的营养成分，为进一步对平欧榛子进行推广利用提供理论依据。

植株枝叶营养成分含量的不同反应了树木在冠层空间资源利用上的策略（王谢等，2017）。榛子属于高脂肪含量的树种，榛树当年生枝条的含量要显著高于其他植物，榛叶与榆树的粗脂肪含量差异性不显著。蛋白质是评价果实营养成分的重要指标之一。粗蛋白质含量越高，饲料的品质越好。蛋白质在种子及植株的生长发育和成苗过程中起着关键作用，可以调节种子和植株的生理代谢过程，并不断地提供养分，而榛树 2 年生枝条的植株成长情况较为稳定。苜蓿是重要的高蛋白饲草资源。桑树中含有较多的蛋白质可供给桑叶的生长发育，也可作为蛋白质的补充饲料（祖国庸，1982）。榛叶中蛋白质的含量较高，故榛叶也可以喂蚕。

榛树当年生枝条和 2 年枝条粗灰分与水分的含量均低于其他处理。而榛树枝叶混合样的水分含量要高于其他处理，这可能与环境有关。宁夏地区环境较为干旱，而榛子的植株特性会使得榛树根系不断地向下生长，吸收水分，对土壤的适应性好（常存等，2019），故榛树的种植还可以防治水土流失，对于改善当地的环境有着重要的作用（刘旭昕，2019）。榛树 2 年生枝条的 NDF 和 ADF 含量要显著高于其他植物，当年生枝条的含量也较高，NDF 和 ADF 由难消化和不易消化的纤维组成，家畜难以吸收利用。而榆树和桑树中的含量较低，故家畜可以适度采食利用。ADL 是组成植物细胞壁的一种结构性物质，是饲料中最稳定、最难以被吸收消化的物质，榛树和榆树中 ADL 含量较高。通过对 NDF、ADF、ADL 和粗纤维的分析，榛树不适于家畜的采食利用。

4. 结论

榛树在发育过程中营养物质的含量以及变化会影响果实以及种子的质量，本次研究通过对榛树各部位以及不同树龄段的榛树进行营养物质含量的研究测定发现：一是不同位置以及不同树龄榛树的饲用营养成分含量不同；二是榛树枝条中粗蛋白质含量较少，但是榛叶中粗蛋白质含量较多；三是无论是当年生榛树还是 2 年榛树，其 NDF、ADF、ADL 的含量均较高，不适于家畜的采食利用。可根据不同榛树枝叶的营养品质进行综合开发利用，以促进宁夏榛树产业的进一步发展。

第三章　榛子国内外研究现状

第一节　榛子育种研究进展

我国对榛子的需求量巨大，野生榛子的数量以及产量不能满足人们对榛子的需求，因此关于榛子的引种试验研究也随之展开。关于榛子的引种试验研究主要是围绕榛子的抗寒性与抗旱性、越冬性展开。榛子的抗寒性对于苗木能否成功引种至关重要，不耐寒的品种，苗木受到冻害后出现破皮、风干尖，并逐渐死亡。刘艳华（2017）在对‘达维’‘玉坠’‘辽榛7号’‘辽榛3号’‘辽榛9号’‘平欧28’‘平欧21’‘辽榛8号’‘82-7’‘83-33’‘84-237’‘辽榛6号’‘80-4’‘辽榛1号’‘辽榛4号’‘84-48’‘82-8’的抗寒性进行研究后发现，‘达维’‘玉坠’‘辽榛7号’‘辽榛3号’‘辽榛9号’‘平欧28’‘平欧21’‘辽榛8号’的受冻最轻，平均冻害率为0；这8个品种的抗寒性远远优于其他品种，在-32℃的低温条件下能正常生长。李嘉诚（2018）对引入的‘84-254’‘82-3’‘84-226’‘84-310’‘84-72’‘85-140’‘84-5’‘85-41’‘B-11’‘82-11’‘82-8’‘85-162’‘85-202’‘84-48’这14个品种1年枝进行了-15℃、-20℃、-25℃、-30℃、-35℃、-40℃的低温处理。将14个品种的生理生化指标采用隶属函数的评价方法进行抗寒性评价后发现‘84-254’‘84-226和‘84-310’的抗寒性强于其他平欧杂种榛，与韩俊威等（2014）的研究结果基本一致。试验各品种（系）抗寒性强弱顺序依次为‘B-11’‘达维’‘85-28’‘84-72’‘辽榛3号’‘玉坠’‘薄壳红’和‘魁香’，与冻害调查结果相吻合。同时在新疆伊犁察布查尔县地区依托叶片解剖结构对引入榛子品种的抗旱性进行了研究，采用了叶片上表皮厚度、下表皮厚度、叶片厚度、主脉厚度、栅栏组织厚度、海绵组织厚度、栅栏组织厚度/海绵组织厚度（栅海比）、栅栏组织结构紧密度和海绵组织结构疏松度等9个抗旱相关的解剖结构特征参数对38个品种的抗旱性进行了分析，结果表明‘84-48’‘辽榛8号’‘84-310’‘F-03’‘B-11’和‘85-162’的抗旱性较强。

除了对不同品种的榛子的抗旱与抗寒性进行研究外，研究人员还对不同品种的越冬性进行了研究。抽条发生的直接原因是枝条失水造成，不同品种（系）发生抽条的枝条的临界含水量不同，薛俊宏（2015）研究了7个平欧杂种榛品种（系）的抽条与水分含量的关系，越冬期间抗抽条能力强的，如品种（系）‘平欧7号’‘平欧73号’‘达维’表现出良好的抗失水性能。李春牛等（2010）等以平欧杂种榛的18个优良品种（系）为试材，研究各品种（系）在北京地区的抗抽条能力，依据研究结果将18个品种（系）抗抽条能力分为4类。其中，抗抽条能力最强的一类为‘达维’‘平欧3号’‘平欧21号’‘平欧33号’‘平欧72号’和‘平欧90号’；抗抽条能力最弱的为‘平欧572号’‘平欧402号’‘辽榛9号’和‘辽榛1号’。从北京引种了‘B-21’‘85-28’‘84-310’‘辽榛8号’‘84-69’‘85-41’‘84-254’‘82-11’‘84-226’和‘84-349’这10个平欧杂种榛品种进行越冬性调查后发现‘B-21’‘84-254’‘84-310’‘82-11’这4个成活率较高，抽条率低，表现出良好的越冬性，可以在廊坊地区引种栽培。成文博（2017）在科尔沁地区对‘达维’‘辽榛3号’‘辽榛7号’这3个品种平欧杂种榛的越冬枝条受害情况进行了调查发现‘辽榛7号’抗抽条能力最强，‘达维’次之，‘辽榛3号’最弱；‘辽榛7号’雄花序散粉情况较好，可作为授粉品种，雌花受芽鳞保护，受害较轻（表3-1）。

表3-1　科尔沁沙地平欧杂种榛越冬枝条受害情况（成文博，2017）

品种	枝条总数/个	抽条率/%	抽条程度			雄花序数/个	散粉数/个	散粉率/%
			较轻	中等	重度			
达维	713	27.9	161	38	0	215	92	42.8
辽榛3号	595	33.1	144	41	13	295	158	53.6
辽榛7号	617	21.4	97	35	0	288	172	59.7

抗寒性与抗抽条能力是2个密切相关又各自独立的问题，二者在发生机理、发生时期、树体的受害部位和伤害表现等方面都有不同（李春牛等，2010）。有些品种如‘辽榛7号’在吉林、黑龙江等东北地区抗寒能力很强，但在华北地区则容易抽条，关于抗寒与抽条的关系还需要继续深入研究。平欧杂种榛抗旱

能力的研究较少，今后还应加强抗旱性方面的研究。

对于野生榛林的研究主要是围绕毛榛林与平榛林 2 个物种展开，对其生物量、结实以及经济效益等方面进行了研究。有研究发现天然毛榛树龄（A）与地径（D）、树高（H）相关程度较高，幂函数模型是地径（D）、树高（H）生长最佳模型（姜伟阳等，2017）。在运用幂函数、多项式与指数函数 3 种理论模型对毛榛生物量进行估测后，拟合出了毛榛生物量的 2 个最佳估测模型分别为幂模型 $W = 0.0013D^{1.9102}H^{1.1524}$ 和多项式 $w = -9.9144 + 0.0025(D^2H) - 0.000000000132(D^2H)^2$（万道印等，2018）。在对毛榛林进行进行预测估计之后发现天然毛榛林的合理经营周期为 10 年（姜伟阳等，2017）。此外还有研究表明野生榛子的生长习性多为一序多果，在结实膨大期应及时进行人为处理，保留 3~4 果序较为适宜（孙建文，2016）。

第二节　榛子栽培与田间管理研究进展

各地对榛子的抗旱、抗寒以及越冬性进行了不同程度的研究后，对榛子的栽培与管理技术也进行了一定的研究。研究表明，‘达维’‘辽榛 3 号’‘平欧 110’‘平欧 210’共 4 个平欧杂种榛适合沙地栽培，为沙地生态经济型防护林建设提供了可靠依据（葛文志，2015）。平榛栽培技术主要包括野生榛林垦复与造林及管理技术。春季是平榛裸根苗造林最佳季节，春季和雨季为平榛营养杯苗造林最佳季节，穴状双株分植为最佳栽植方式，初植最佳密度为（1~1.5）m×2m，连续 3 年平茬抚育措施可使榛林快速郁闭达产（胡跃华，2016）。平欧杂种榛沙地建园采取防护林带、种植高秆玉米等措施，可减少抽条现象发生，减轻风沙对幼榛和榛树开花结实的危害（徐树堂，2014）。同时李玉航（2019）研究了沙地防护林对‘达维’‘辽榛 3 号’‘辽榛 7 号’平欧杂种榛生长情况的影响，结果表明有防护林保护比无防护林保护幼树保存率高 17.7%；在树高、地径、平均冠幅、1 年生枝生长量方面，有防护林保护高于无防护林保护。因此，沙地栽培平欧杂种榛必须营建防护林。此外，于冬梅等（2015）对 7~8 年生的平欧杂种榛进行施肥试验，根据生产 100kg 鲜果各元素的吸收比例，从而得出生产上的 N、P_2O_5、K_2O 施肥比例为 1.43 : 1.1 : 1.0，施肥量分别为 6.06kg、4.65kg、4.23kg，该结果为确定科学合理的施肥量和施肥比例提供了重要的参考依据。单新春（2015）也研究了植物生长调节剂和叶面肥对平欧杂种榛生长结实的影响，得出的结果是在坚果膨大期喷施浓度为 5.9g/L 的尿素、38g/L的磷酸二氢钾和 0.75g/L 的氨基酸水溶液，可起到提高榛子产量的作用。

表 3-2　防护林对沙地平欧杂种榛生长及雄花序的影响（李玉航，2019）

保护状况	品种	树高/m	地径/cm	冠幅		1 年生枝生长量/cm	品种保存率/%	活雄花序/个	死雄花序/个
				东西/m	南北/m				
有防护林保护	达维	2.30	3.54	1.22	1.09	41.9	93.5	26.9	11.1
	辽榛 3 号	2.66	2.96	1.38	1.10	41.1	91.1	15.3	12.0
	辽榛 7 号	1.76	3.56	1.22	1.24	38.5	92.1	21.3	2.4
	平均	2.24	3.35	1.27	1.14	40.5	92.2	21.1	8.5
无防护林保护	达维	1.94	2.80	1.10	1.02	32.3	73.7	2.7	25.7
	辽榛 3 号	2.14	2.94	1.06	0.96	43.3	70.8	6.1	15.3
	辽榛 7 号	1.74	2.58	1.11	0.98	31.2	78.9	9.4	26.0
	平均	1.94	2.77	1.09	0.99	35.6	74.5	6.1	22.3

注：有防护林保护样本调查株数 1 840 株，无防护林保护调查株数 1 486 株。

有学者不仅对榛子栽培、施肥技术进行了研究，还对榛树的整形修剪进行了研究。通过整形修剪，可以改善树冠结构和通风透光条件，促进开花结果（熊新武等，2012），维持营养生长和生殖生长的平衡。修剪与摘心是果树整形修剪 2 种重要形式（袁培业等，2011）。罗达（2018）对新疆乌鲁木齐安宁渠地区 5 年生榛树采用不同修剪强度对不同年龄枝条进行修剪，对榛子树的新梢生长、叶片特性、光合作用及结实特性进行调查后发现，1 年生枝条修剪显著影响了叶片各光合作用特征参数，其中，轻度修剪的净光合速率和气孔导度较对照分别显著提高。1 年生枝条修剪后的坐果率、单株结果数和单株产量均高于 2 年生。与对照相比，1 年生枝条轻度和中度修剪的单株产量得以提高。1 年生枝条轻度修剪促进了新梢生长，增强了叶片光合能力，提高了单株结果数和产量。因此，在新疆干旱区特殊生态环境条件下，对‘达维’的 1 年生枝条采用轻度修剪的效果最佳。陈凤（2014）研究了缓放 1 年、缓放 2 年、重回缩修剪 3 种修剪方式对辽榛 7 号的开花结实及枝类组成的影响，结果表明重回缩修剪可以改变平欧杂交榛的枝类组成，增加长枝的比例。对雌雄花数量的调查发现，重回缩修剪的植株雌花数量最多。不同品种不同时间进行摘心后发现摘心时间和雌花形成数量呈负相关，摘心长度为80cm时，5个品种的雌花数量数值最高。

第三节　榛子繁育技术研究进展

榛子繁育技术多采用无性繁殖法，其中压条、扦插、嫁接与组织培养等方法被运用到榛子繁育中。

一、压条法

压条法繁殖是最传统的方法之一。这种方法可以促进茎形成根，然后从母株上分离开。这种方法非常简单，在嫩枝生根过程中不需要仔细监测周围环境（李秀霞等，2008）。榛子自然根蘖的特性使得压条法成为繁殖榛子的首选，所以压条法是榛子繁殖方法中研究得最详细、最完善的技术。用来压条的母株要提前修剪，让阳光照到萌蘖，阳光越充足，处理后的生根效果就越好（易米平等，2009）。

压条方法可以分为直立、水平、弓形压条（斜栽压条）。

直立压条可以分为嫩枝直立与硬枝直立压条2种。嫩枝直立压条这种方法是在6月中旬至7月上旬，在树桩上留下长约50cm、粗0.4cm以上的半木质化枝条15~20个长势良好的嫩枝，将其基部20~25cm范围内叶片连同叶柄剪除。在离地面1~5cm高的位置用细软铁丝把基生枝绑一圈即横缢（有些嫩枝不绑横缢，用来供给营养），在横缢处以上10cm范围内涂抹ABT生根粉1 000mg/L溶液，将处理后的枝条基部用河沙、湿锯末等疏松材料填埋，填埋高度20~25cm，使压条枝在湿润和黑暗环境中生根。随着幼芽的生长，应该反复培土1~2次。在生长期内应保证培养基的湿度。压条的养护除了灌溉，还包括除草和垄间的翻土，直到秋季起苗时为止（李秀霞等，2001）。硬枝直立压条则是在早春树液开始流动时进行。从母株上选择上一年发育良好的基生枝，将其准备生根的基部用细铁丝横缢或环剥1~2mm；或在生根部位纵割3~5条，并涂上生根粉溶液1 000mg/L，然后将处理好的枝条用土覆盖，厚度为25~30cm，培实，埋土后必须充分灌水，使枝条与土壤密切结合，这是压条生根的基本条件。以后要注意使土壤经常保持湿润、无杂草。待秋季落叶时将已生根的基生枝与母体剪断分离，即形成了压条苗（郑金利等，2007）。

水平压条在春、秋两季均可进行，但在春季早期进行较为适宜。具体方法：从母株上选取生长旺盛的 1 年生枝条拉开平铺在深约 15cm 的垄沟内，用绳子固定住，不压土。但要细心保护好腋芽，使之萌发。在水平面上的芽几乎全部都能长成新梢。摘除枝条地面上 10~15cm 处的叶子，然后培土 20~30cm，促进繁殖生根系数，使各新梢基部生根。待秋季落叶后，将整个压条掘出来剪断，并取下枝上的铁丝，即形成多株独立的苗木（宋磊，2014；孙万河等，2007；李秀霞等，2008）。

弓形压条可以采取 1 年的萌生枝早春萌芽前进行，也可以用当年生嫩枝约 6 月进行，具体实施方法为沿榛树株丛周围挖一条深宽各约 20cm 的环形沟，将压条枝弯曲部位环割 1~2cm 宽，或横向刻几刀，并涂上促生根剂，以促进其发根，将枝条弯曲固定在沟内，填平沟并踏实，之后要灌水，保持湿润，秋季落叶后分离压条苗（杜春花，2005）。

压条法成活率受到多种因素的影响，比如压条时间、生长素以及浓度等。压条时间影响成活率，在 6—7 月，榛子树枝条嫩，自身代谢旺盛，所含的生物活性物质较高，并且 6—7 月的温度与湿度都高，这些因素都有利于不定根的生成，成活率升高，可达到 93%左右。在 7 月之后，植物枝条木质素增加，枝条变老，苗木质量降低，生长时间变短，生根晚，成活率只有 78%左右，成活率降低（孙时轩，2000）。除了压条时间外，生长素的类型也对成活率有着显著影响。3-吲哚丁酸（IBA）与萘乙酸（NAA）2 种生长素对榛子压条有着不同程度的影响，榛子的生根率、根长与根质量等因子相对于对照都有了不同程度的提高（Pandey et al., 1996）。除了这 2 种因素之外，填充物也会影响成活率。基质不同会影响持水力与通气性，所以不同的基质生根效果也不同，在对不同基质的生根效果进行研究后发现，纯锯末作为填充物时成苗效果强于其余基质效果。综合各项结果数据在生产中要在 6 月对嫩枝压条，用1 000mg/L的 IBA 处理后再用纯锯屑作填充物围穴是最好的压条方法（易米平等，2009）。由于锯末材料获取困难，且河沙也具备通气性和持水力，近些年生产中河沙逐步取代锯末。

二、扦插法

繁殖快、占地少、效率高、成本低、简便易行都是扦插法具备的优点，因此，榛子扦插繁殖技术受到了国内外研究者的重视。绿枝扦插和硬枝扦插是榛子树扦插的 2 种，半木质化状态的枝条被用于绿枝扦插中，此时的枝条中含有较多的薄壁细胞，水分含量也较高，枝条内可溶性有机物的含量也较高。绿枝具备较强的细胞分裂分化能力，枝条上的顶芽与叶子促进了生长素与生根素的合成，从而形成愈伤组合的能力较强，生根能力也更强，成活概率增加。但是榛子硬枝扦插时生根十分困难，虽然美国与我国都已经开展了硬枝扦插的试验研究，但尚未取得满意的效果（Ughini et al.，2005；陆斌等，2003）。关于榛子扦插的理论与技术研究不断扩展，榛子的扦插生根技术也在不断完善。插穗以及扦插时间、用于扦插的品种以及扦插的环境条件都对扦插成活率有着重要的影响（易米平等，2009）。平欧杂种榛嫩枝扦插生根的专利使生根率提高 3 倍，育苗成本下降近 50%，为干旱区平欧杂种榛快速提供良种壮苗以及规模化种植推广奠定了技术基础（宋锋惠等，2014）。

插穗对生根率有着重要影响。对欧榛嫩枝和硬枝进行了扦插试验后发现插穗长度对生根没有显著的影响（Kantarci et al.，2000）。插穗的试验结果表明插条生根率表现出明显的位置效应，顶端到基部的各段插条的生根率不断降低，而芽体保存率则逐渐升高（宫永红，1997）。也有研究发现，有些插条生根后，翌年春季移栽到苗圃后有一部分不能成活，原因是插穗幼嫩，没有形成完整的芽（王申芳等，2006）。

从不同树龄取下的枝条成活率不同，幼树上取下的用于扦插的枝条生根率与芽率都远高于成龄树。在不同时间段进行榛子扦插发现，榛子插条生根力在不同时间段存在差异，6 月、7 月进行扦插的枝条，其生根效率远高于 8 月的扦插效果。李大威（2008）研究表明以枝条生长速生期结束即 7 月初扦插效果最好，生根率最高。除了不同树龄以及不同月份对榛子扦插产生影响之外，光照、温度、水分、基质、生长素种类及浓度等都对榛子扦插生根有着显著影响（森下义郎，1988）。温度对榛子扦插生根具有较大的影响，环境温度在 26~30℃ 条件下生根最好（孙阳等，2016）。

生长激素的选择与应用是提高榛子扦插成活的关键技术，不同的激素种类及浓度对榛子扦插枝条的生根率的影响不同。扈红军等（2007）认为欧榛品种‘巴塞罗那’硬枝扦插适于 IBA 处理，生根率为 60%，α-NAA 和 ABT1 不适合对欧榛硬枝插穗处理，因其插穗生根率较低。在对不同激素浓度的 IBA 与 ABT1 对榛子扦插枝条的生根率与根属性进行研究后发现 IBA 1 400mg/L插条的生根率和生根指数最高达到74.5%和607.14，其次是ABT1 1 600mg/L生根率和生根指数分别为72.7%和537.75，二者差异不显著。从综合因素考虑，最适宜的激素处理是1 400mg/L IBA处理（许柏林，2018）。在比较不同浓度的IBA的生根剂的研究结果表明，生根剂浓度在速蘸处理的方式下，1 000mg/L IBA可以较好地提高榛子扦插成活率（孙阳等，2016）。

不同的基质也对榛子扦插成活率产生影响。有研究表明实际操作中采用珍珠岩和蛭石混合基质能够提高插穗的生根率（易米平等，2009）。董培田等（2013）研究指出，培养基质消毒灭菌采用0.3%多菌灵要优于高锰酸钾300倍液；选择珍珠岩：蛭石=2：1培养基质要优于珍珠岩。也有研究表明基质中添加草炭，虽然增加了基质中的营养物质，但提高了土壤含水量，造成基质缺氧，致使插穗基部腐烂死亡；而基质配方河沙：珍珠岩为2：1，非常适合榛子的扦插繁育。

三、嫁接

嫁接繁殖在榛子栽培中很少应用，这跟榛树植物自身会产生大量的萌蘖有关，而嫁接后会产生更多萌蘖，不仅会消耗树体的营养，影响树体发育，同时消除萌蘖又耗时费力，国外的榛园每年都投入了相当的人力以清除萌蘖。因此，榛子嫁接繁殖技术目前在世界范围内还在探索之中（易米平等，2009）。其中制约榛子嫁接繁殖的主要因素是砧木，近年来国外研究者在欧榛资源中发现了一些不产生萌蘖的变异品种，并且致力于培育没有萌蘖的砧木无性系研究。将榛子品种芽接在5种砧木上发现，不同组织愈伤形成的早晚有差异，愈合部位不同其组织坏死的表现不同，尽管第90天后所有嫁接组合都彻底愈合，但Tombul/Kus和Tombul/Palaz组合为最佳嫁接组合。此外以5个类型的2年生土耳其榛作砧木，4个欧榛品种作接穗，用劈接法嫁接进行试验后发现，分别获得了81.50%~92.31%的成活率，2年生砧木的嫁接效果较好（Karadeniz et al.，1998）。

四、组织培养

植物的组织培养是加快多种植物繁殖速度的有效途径。榛子的组织培养很难建立一个洁净的繁殖体系，因为榛子内生菌污染严重（Reed et al.，1998），此外，榛子含有较多容易褐变的单宁物质，这也使得榛子组织培养极难成功。榛子组织培养研究中，使用最多的外植体是其带菌少、易于消毒的嫩梢，这种嫩梢易于增殖和生根（陈正华，1994）。在对不同外植体的欧洲榛研究发现，3月采集的温室嫁接苗是最好的外植体材料，7月的根蘖可作为培养得最好的田间材料；一般用70%~95%的乙醇和0.5%~5.25%的次氯酸钠给外植体消毒。虽然我国在杂交榛子良种组织培养快繁研究上取得了一定的进展，但是距离真正的应用生产还有很大的距离，因为在榛子增殖阶段能使得杂交榛快速高效增殖的培养基还没有找到（易米平等，2009）。

第四节　榛子病虫害研究现状

于薇薇（2013）在对平榛、大果杂交榛子进行调查时发现，6月是榛叶白粉病的高发期，这种病害除了为害叶片，也可侵染嫩梢、幼芽和果苞。对全园榛树喷布15%三唑酮600~800倍液1次。如有二次侵染可再喷1次，全年不再发病。或于5月中旬至6月中旬喷布多菌灵、甲基硫菌灵及石硫合剂的防治方法。同时还发现榛叶出现了锈病以及叶斑病的情况，对于榛叶锈病提出了在发病初期喷布等量式波尔多液200倍液，间隔10d，喷2次。发病盛期（7月下旬、8月上旬）间隔10d连喷2次15%三唑酮600~800倍液；对于叶斑病的防治措施还在进一步的研究过程中。此外，于薇薇的研究中还发现榛园中存在附生菌的煤污病，提出了于早春雌花开放前结合防霜冻喷白，对全树喷布石硫合剂（结晶）50倍液。6—9月可喷布70%甲基硫菌灵800倍液、50%多菌灵500倍液的防治措施。刘晓峰（2015）在对白粉病的防治措施中提出了要保持合理密度同时增施磷、钾肥和有机肥，避免偏施氮肥的想法。付保东等（2014）在铁岭地区的榛子园中还发现了榛苞褐尖病与榛林黄丝，提出了防治榛苞褐尖病的方法是在榛树放叶前全园喷施多菌灵、百菌清、甲基硫菌灵等常规杀菌剂。在榛子外果苞尖端开始出现褐色圆点时，喷施咪酰胺或苯醚甲环唑。防治榛林黄丝要采取人工防治、药剂防治以及生态防治多种防治措施相结合的方法。王宇颖（2013）在榛子园病虫害调查中发现，园中出现了恶性寄生杂草菟丝子导致植株养分缺失，生长状况不良，甚至死亡。同时提出了人工烧毁菟丝子的藤蔓及寄主受害部位，修剪有菟丝子寄生的植株以及用48%仲丁灵乳油200~300倍液喷雾喷洒菟丝子茎叶的防治方法。乔雪静等（2016）提出了在防治榛子病害的过程中需要采取综合防治措施，例如选择抗性树种、耕作轮作以及消除病虫害的根源、加强栽培管理、培育无毒壮苗、树干涂白等措施。在对辽东山区榛子虫害调查后发现，该地区的虫害主要类型为榛实象甲、黑绒金龟子、铜绿金龟子，并提出了药剂防治以及利用榛实象甲和金龟子类等鞘翅目害虫可利用成虫的假死性和趋光性的物理防治方法，还提出了保护和招引生物天敌的生物防治措施进行虫害防治。胡文霞（2012）、夏国京（2006）在调查桓仁县的虫害过程中发现榛实象甲、黑绒金龟子、铜绿金龟子是主要的虫害类型，并提出了相应的解决方案。

第四章　宁夏大果榛子引种育苗及生长表现研究

第一节　试验区概况

试验区位于银川市永宁县望洪镇园林村。属于贺兰山洪积平原的中下部，气候干燥，日照充足，蒸发量大，热量丰富，昼夜温差大，土壤类型以风沙土、淡灰钙土为主，兼有灌淤土、洪积河滩地和沙石地，降水量少。由于可进行扬黄灌溉，灌溉水资源相对丰富，适宜种植葡萄、枸杞、林木、玉米等作物。地理位置上，试验区在银川市西南端，贺兰山东麓，东邻西干渠，西接201省道，南与青铜峡市邵岗镇甘城子为界，北至徐黄公路，距银川市25km左右。

永宁县隶属银川市，地处宁夏银川平原引黄灌区中部，东临黄河、西靠贺兰山，是宁夏回族自治区首府银川市的郊县，位于银川市区以南。辖5镇1乡1个街道2个国有农场，总面积934km^2，政府驻杨和街道。永宁县属中温带干旱气候区，大陆性气候特征十分明显。年平均气温8.7℃，夏季各月平均气温在20℃以上，大于等于10℃的积温平均为3 245.6℃，积温有效性高，无霜期平均167d，早霜始于9月25日左右，终霜期一般在4月底到5月初，年太阳总辐射141.7kcal/cm^{2}①，年日照时数达2 866.7h，光能资源丰富，日照长。温度和日照条件可满足多数农作物生长发育的需要。温差大，气候年较差平均为31.5℃，日较差平均13.6℃。

永宁县年平均降水量很低，多年的年平均降水量为201.4mm。降水量在一年中分配很不均匀，多集中在7月、8月、9月3个月，约占全年总降水量的

---

① 1kcal约为4.19kJ，全书同。

62.2%。年平均蒸发量为 1 470.1mm。由于降水稀少、蒸发强烈，故没有灌溉就没有稳定的农业。全年大风天数（超过八级大风）平均为 3.5d，年平均沙暴日数为 3.2d。大风多集中在 1—4 月，占全年大风天数的 63%，沙尘暴多发生在 4 月、5 月，历年平均风速为 2.4m/s，最大风速为 18m/s。冬春季多盛行西北风和东北风，夏秋季多东南风。

第二节　主要研究目标及内容

一、主要研究目标

成果主要在 2019 年宁夏财政林业新技术引进及推广“大果榛子种苗快繁与配套栽培技术示范推广”项目、荒漠化治理研究所自主科技创新项目“大果榛子嫩枝扦插育苗关键技术研究”，以及宁夏林草局退耕还林还草与“三北”工作站下达的“宁夏退耕还林工程生态效益监测”（2015—2020 年）等项目的直接或间接资助下完成的。通过建立标准化示范区建设、核心研究内容开展、论文发表，总结集成出适宜于宁夏的榛子栽培技术体系 1 套。

采取“科研+合作社+农户+基地”运行模式，通过宁夏农林科学院荒漠化治理研究所与永宁县春之秋农林专业合作社合作，结合专业监测设备定期定时采集数据，同时邀请区内外经果林有关方面专家组成项目试验示范小组，长年驻村蹲点提供技术指导，集成总结适宜于宁夏榛子栽培技术模式，提出适宜产业化发展的系统性栽培技术模式，为宁夏榛子苗木繁育提供技术支撑。

项目的推广示范可以充分挖掘农村劳动力和土地资源，生产优质果品，满足人们对果品多样化、高档化、无公害化的需求，同时填补了宁夏榛子种植项目的空白。通过该项目可观的经济效益来看，农民不仅获得较好的收入，还能在行间套种矮株经济作物，实现树下、树上一举两得的综合效益，也对宁夏农业发展方向指引了一条新的思路。

通过项目的推广示范，能有效减少本地区沙化土地数量，减弱沙尘危害，美化水系周边环境，间接治理了水土流失，项目推广中只针对小范围土地进行平整。种植过程中，榛子树病虫害少，对农药的需量不大，施肥过程中采取填充生物绿肥，将对土壤造成的污染控制最低。综上所述，项目对水源、土壤等农业生产依存的基础资源不会造成破坏，可有效保持生态环境和农业可持续发展。

二、项目主要研究内容

1. 大果榛子引种繁育技术

于2012年分别引种了‘达维’（育种代号为84-254，良种编号为辽S-SV-CH-003-2000）、‘辽榛3号’（育种代号为平欧226号，良种编号为辽S-SV-CHA-002-2006）、‘辽榛7号’（育种代号为平欧110号，良种编号为Nov-82）、‘玉坠’（育种代号为84-310，良种编号为辽S-SV-CH-004-2000）、‘B-21’（育种代号为B-21，良种编号为平欧21号）等，并且以‘达维’品种为主，开展了相关延伸研究，旨在为科学指导具体生产提供技术支撑。

2. 大果榛子育苗及生长表现研究

（1）不同品种大果榛子主要生物学特性研究。

（2）开展不同规格1年生大果榛子苗木移栽成活率分级研究。

（3）宁夏引黄灌区不同树龄大果榛子生长表现观测。

（4）开展修剪程度对大果榛子生长与光合特性的研究。

（5）开展大果榛子嫩枝扦插育苗技术。

（6）不同培覆基质保水性对榛子育苗生长的影响。

3. 大果榛子主要营养价值研究

（1）宁夏产大果榛子主要营养价值对比分析。

（2）宁夏和吉林产不同品种大果榛子果实性状对比分析。

（3）不同品种榛子果实主要性状及品质对比分析。

（4）农家肥施用对大果榛子形态特征及品质的影响研究。

（5）鲜食榛子与成熟后坚果榛子主要营养成分比较。

（6）宁夏榛子与进口榛子外形与品质比较研究。

（7）榛树枝叶饲用价值对比分析。

4. 大果榛子病、虫、草及冻害防治技术研究

（1）宁夏引黄灌区榛子地主要杂草种类普查及防治技术。

（2）初步开展了宁夏榛子地病虫害调查。

（3）早春冻害对大果榛子坐果的影响。

5. 大果榛子林地建设综合效益研究

（1）不同种植年限榛子对土壤养分的影响。

（2）榛子林地建设对小环境的影响。

（3）测定比较不同林龄榛子产量。

（4）开展了榛子园田间生草技术示范应用。

三、项目主要技术路线

通过前期的压条繁殖、扦插育苗繁殖、水肥调配、抗旱抗寒、病虫草害防治适应性等基础探索，开展了宁夏引黄灌区大果榛子生育期监测、压条繁育关键技术总结与模式集成等方面的研究与示范。同时，开展了退耕还林生态效益监测研究、全域旅游林地功能提升、柠条林可持续开发与饲料化关键技术研究、大果榛子压条育苗及产业化关键技术研究等特色产业化植物资源开发、林地土壤水分健康评价、柠条饲料营养动态变化及饲用价值评定研究等，为本项目的顺利开展提供了有力的基础保障。另外，项目充分利用现有科技扶贫指导员项目、国家“三区人才”项目、宁夏“十三五”重点一二三产业融合发展项目等综合平台，同时，有效利用现有主持的宁夏财政林业新技术引进及推广财政补助项目“大果榛子种苗快繁与配套栽培技术示范推广”、国家林业和草原局退耕办“退耕还林工程生态监测”项目已建立的相关研究与示范基地、集成总结的相关技术、测试化验建立的相关专业测试队伍、技术示范培训建立的相关重点示范户、科企联动的基础研究与产业化机制等硬核支撑力量。借助科技支撑、产业扶贫、产学研攻关等技术渠道，以优良品种引进、苗木产业培育扩繁、标准化基地建设、关键技术联合攻关突破等为主要工作抓手，努力将榛子产业打造为宁夏经济林新型特色支柱产业，为本研究提供必要的专业人才团队、技术贮备和基地保障，为地方群众增收、结构调整提供技术支撑和示范样板（图4-1）。

第三节　主要引进的品种及基本性状

一、供试品种与主要试验方法

根据项目组以抗旱成活、安全越冬和高效栽培为主要前提，经前期与全国

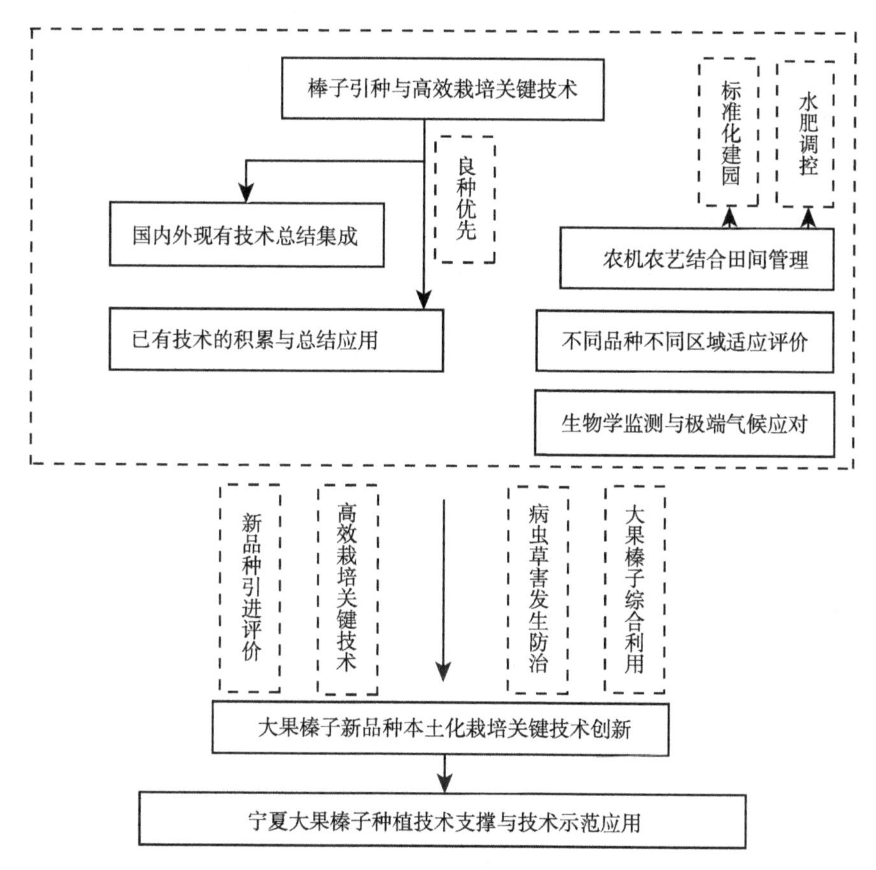

图 4-1　榛子研究技术路线框架图

榛子首席专家充分了解沟通后，于 2012 年分别引种了‘达维’‘辽榛 3 号’‘辽榛 7 号’‘平欧 21 号’（B-21），以上品种均为平欧杂交榛。欧杂种榛产地生态气候条件要求分别为：年平均气温 3. 2~15℃，其中年平均气温 3. 2~5. 9℃的地区，冬季有雪覆盖 3 个月以上；极端最低气温-38℃以上，极端最高气温 38℃以下；年降水量 650~1 300mm，年降水量在 500mm 以下的地区，需有灌溉条件；年日照时数 2 100h 以上；土壤 pH 值为 5. 5~8. 0，沙壤土、壤土、轻黏壤土为宜，忌黏土；平地或坡度在 25°以下的坡地。

分别以‘达维’‘辽榛 3 号’‘辽榛 7 号’‘玉坠’‘B-21’等品种为供试材料，采用 1 年生地径 10mm 左右的一级苗木，按照 2m×3m 株行距进行定植。

开展了榛子引种种植及苗木繁育相关技术研究。由于‘达维’品种在研究区引种相对较多，其他品种均重点以授粉树进行了布点栽培。因此，本研究中涉及的具体内容及品种特征，如无明确表述均为‘达维’品种。由于本项目研究内容涉及较多，针对具体试验方法在具体研究内容中均有表述，5个品种的主要特性及品种编号见表4-1。从目前生长来看，各个品种在宁夏引黄灌区均表现适宜，均实现了挂果。

表4-1 大果榛子主要品种特性及良种编号

品种	品种编号	主要特性
辽榛3号	辽 S-SV-CHA-002-2006	果壳长、薄，坚果金黄色，果粒个大，果仁饱满，光洁，出仁率高，树势强壮，树姿直立，耐寒，休眠期可耐-35℃低温
辽榛7号	Nov-82	果壳厚，坚果呈红色，果仁质量好，易脱皮，越冬性强，不适宜在干旱、半干旱地区栽培
B-21	平欧21号	果壳薄，坚果呈长椭圆形，红褐色，单果重，果仁饱满，风味佳，树势强壮，树姿半开张，冬季叶片宿存，丰产性强
达维	辽 S-SV-CH-003-2000	果壳宽，果苞较长，苞叶两片，半闭合，雌花柱头红色，雄花序黄色；坚果椭圆形，浅褐色，果仁光洁，风味佳；丰产、抗寒、适应地域广
玉坠	辽 S-SV-CH-004-2000	果壳薄，坚果小，呈椭圆形，红褐色，果仁饱满，光洁，风味佳，品质上乘，脱皮率高达90%，丰产性强，穗状结实，树势强壮，树姿直立，树冠较大，适应性、抗寒性强

通过对引种种植6年的大果榛子各生长指标调查得出（表4-2），‘达维’品种的株高和地径最大，分别为223.00cm和38.74mm，‘玉坠’分枝数最大，为15.00个，‘辽榛7号’的株高、地径及分枝数最小，‘玉坠’萌枝高大于其他4个品种，相反萌枝地径和萌枝数最小。

1. 达维（Da Wei）

育种代号：84-254。

果苞较长，苞叶两片，半闭合；雌花柱头红色，雄花序黄色。开花期：大连3月下旬，沈阳3月底至4月上旬，山东安丘3月上旬。坚果成熟期：辽宁8月中下旬，山东安丘8月上旬。坚果椭圆形，浅褐色，单果重2.5~2.7g，果壳厚1.2~1.4mm，果仁重1~1.2g，果仁光洁，风味佳。出仁率42%~44%，果仁脱皮率70%。

授粉树：‘辽榛7号’‘辽榛3号’‘辽榛8号’‘平欧21号’均可。

表 4-2 引种种植的 6 年生大果榛子生长表现

品种		株高/cm	冠幅/cm	分枝数/个	地径/mm	果序数/个	萌枝高/cm	萌枝地径/mm	萌枝数/个
辽榛 3 号	重复 1	202.00	74.75×88.75	4.75	26.71	31.25	57.00	5.59	27.50
	重复 2	163.00	69.00×72.00	3.67	25.91	33.33	35.67	4.35	15.33
	重复 3	141.75	79.25×60.25	3.25	18.26	22.50	11.25	1.38	5.00
	平均	168.92	74.33×73.67	3.89	23.63	29.03	34.64	3.77	15.94
辽榛 7 号	重复 1	114.67	53.67×60.33	2.67	12.86	0.00	19.33	2.15	2.67
	重复 2	66.67	45.33×45.33	2.67	11.77	0.00	25.00	2.82	4.67
	重复 3	172.00	112.25×98.25	5.00	22.37	1.50	34.63	3.60	24.25
	平均	117.78	70.42×66.97	3.44	15.66	0.50	26.32	2.86	10.53
B-21	重复 1	190.40	145.00×138.00	4.60	30.31	95.00	31.90	5.58	27.60
	重复 2	169.80	77.20×78.60	4.60	19.95	8.80	23.55	3.31	17.20
	重复 3	134.60	64.00×58.00	4.00	13.96	0.00	4.20	0.56	0.60
	平均	164.93	95.40×91.53	4.40	21.41	34.60	19.88	3.15	15.13
达维	重复 1	231.00	101.50×105.00	11.83	41.15	24.00	67.33	1.62	1.50
	重复 2	221.00	159.00×178.50	3.00	50.23	—	68.17	3.65	1.50
	重复 3	217.00	108.00×107.00	4.00	24.85	—	95.67	2.83	4.00
	平均	223.00	122.83×130.17	6.28	38.74	24.00	77.06	2.70	2.33
玉坠	重复 1	102.00	45.00×51.00	4.00	26.73	39.00	38.67	0.00	0.00
	重复 2	180.00	75.00×130.00	21.00	39.79	—	111.00	2.31	3.00
	重复 3	271.00	178.00×174.50	20.00	35.56	—	116.00	2.80	3.00
	平均	184.33	99.33×118.50	15.00	34.03	39.00	88.56	1.70	2.00

2. 玉坠（Yu Zhui）

育种代号：84-310。

1984 年以平榛为母本，欧洲榛为父本远缘杂交培育，1989 年初次入选，1999 年通过辽宁省林木品种审定委员会审定，定名‘玉坠’。树势强壮，树姿直立，树冠较大，在沈阳 6 年生树高 2.6m，冠径 1.9~2.0m；在山东安丘 9 年生树高 4.14m，平均冠径 2.85m。坚果椭圆形，红褐色。单果重 2.0g，果壳厚度 1.0mm，出仁率达 48%~50%，果仁饱满、光洁、风味佳、品质上乘，脱皮率 90%，丰产性强，穗状结实。在山东安丘 6 年生株产 3.2kg，8 月上旬成熟，在辽宁沈阳7年生株产2.7kg，8月下旬成熟。适应性、抗寒性强，休眠期可抗-35℃低温，在有雪覆盖条件下，适宜年平均气温3.5℃以上地区栽培。该品种抗寒、丰产，适于北方寒冷地区栽培。果实较小，但果仁味香。

授粉树：'达维''辽榛3号''平欧21号'均可。

3. 辽榛3号（Liao Zhen 3）

别名：平欧226号。

育种代号：84-226。

授粉树：'达维''辽榛7号'均可。叶片抗白粉病，对除草剂2，4-D丁酯不敏感，玉米地施除草剂，对该品种影响较小。坚果大型、果壳薄、出仁率高，是带壳销售烤制型优良品种，为重点推广品种之一。

4. 辽榛7号（Liao Zhen 7）

别名：平欧110号。

育种代号：82-11。

授粉树：'达维''辽榛3号''平欧21号''辽榛8号'均可。坚果红色美观，果仁质量好，易脱皮，是良好的加工型品种，重点栽培品种之一。

5. 平欧21号（B-21）

1984年杂交培育，1995年初次入选。树势强壮，树姿半开张，冬季叶片宿存，雄花序少，一序多果，平均每果序结实2.4个，坚果长圆形，红褐色，单果重3g，果仁饱满，光洁，风味佳，出仁率40%。坚果8月下旬成熟，丰产，7~8年株产1.7kg。6年生树高2.7m，冠幅直径1.8~2.0m；果壳厚度1.3mm，出仁率44%，脱皮率50%；丰产性强，在山东安丘6年生单株产2.7kg，8月上旬成熟；在辽宁桓仁7年生株产2.6kg，8月下旬成熟。抗寒性较强，休眠期可耐-35℃以上低温，在年平均气温4℃以上地区栽培。抗寒，越冬性强，冬季可耐-35℃低温，可以在北纬46°以南地区栽种。

二、引种的榛子品种主要识别技术

1. 果实

'达维'果实扁圆；'辽榛3号'果实大，有尖；'玉坠'果实长，小，芽红、尖；'辽榛7号'果实圆盾形，紫红色；'B-21'果实圆。

2. 果苞

‘达维’漏果，‘辽榛3号’果苞包严，‘玉坠’果序一般簇状着生，‘辽榛7号’果苞半包，‘B-21’果苞长而有丝毛。

3. 枝芽

‘达维’枝芽绿色或黄绿、大、扁；‘辽榛3号’小红芽，植株上部落叶，冬季下部不落叶；‘玉坠’芽红、尖；‘辽榛7号’上芽圆尖，植株冬季下部不落叶；‘B-21’枝芽大、全株冬季叶片宿存，不落叶，是很好的冬季农田防风树种。

三、引种的主要品种适宜栽培区域（表4-3）

表4-3　引种种植大果榛子主要品种及适宜栽培区域

主要品种（品系）	越冬性	适宜栽植区域
达维（84-254）、玉坠（84-310）、辽榛3号（84-226）、辽榛7号（82-11）、平欧21号（B-21）	很强	北纬42°~46°及以南地区年平均气温3.5℃以上（年平均气温3.5~5℃的地区，冬季需有雪覆盖3个月以上）

注：品种特性数据来源于梁维坚等《大果榛子栽培实用技术》，2015。

第四节　田间主要配套管理措施

一、苗木质量

榛树繁殖圃起苗出圃必须保证品种（品系）的严格区分和标记。榛树起苗时要按品种分别起苗，每个品种的苗木都要按质量标准及时进行分级，避免长时间晾晒。平欧杂种榛一级苗的质量标准为苗高80cm以上，基径0.8cm以上，充分木质化根8条以上。平欧杂种榛二级苗的质量标准为苗高50~79cm，基径0.5cm以上，充分木质化根5条以上。3项指标中的任何一项低于二级苗标准均为等外苗，不能在生产建园中使用。

二、定植方法

试验在每年春季3月中下旬土壤解冻后尽早栽植，栽后剪掉地茎60cm以上的枝条，可提高成活率，促进萌发基生枝，尽早成林、达产。所有品种、所有林龄苗木均采用株行距 2m×3m 密度定植。

单株压条一般采用定植穴栽植的方式，定植穴的规格为直径 40～60cm，深 40cm。带状压条可以采用定植沟栽植的方式，定植沟深度和宽度均为 40cm，长度根据地块大小来决定。挖定植穴或定植沟时表土同底土要分开放置，底肥放入坑底或沟底，底肥与土充分拌匀，再覆盖 10cm 左右的表土，把苗木垂直立于定植穴或定植沟的中央，定植深度以根茎在地面以下 6～10cm 为宜。填土踩实，浇透水，待水完全渗入土中后，覆地膜，可以起到增温保墒的作用，提高苗木的成活率。定植后立即进行定干处理，定干高度为 50～70cm，要求剪口下 15～20cm 的范围内饱满芽的保留数量在 3～5 个。

三、定植时间

定植时间分为春季定植和秋季定植，春季定植的最佳时间为当地土壤冻融之后到榛树萌芽前，在大连地区为 3 月底到 4 月上旬，沈阳地区为 4 月中旬。秋季定植的最佳时间为当地榛树自然落叶后到土壤封冻前。在北方提倡春季定植，在北纬 35°以南地区提倡秋季定植。银川地区定植建议在 3 月下旬左右，尽早定植为好。

四、田间主要管理措施

以少冠丛状型为主进行整形。自 2012 年开始，逐年进行定植扩繁，直到目前为止。田间灌水方式为滴灌，主要采用生草法结构机械除草进行田间杂草防治，林龄在 3 年以上的苗木，一般春季亩增施有机肥 $3m^3$左右。育苗主要采用压条育苗为主，分别于每年 6 月中旬左右在需要压条育苗的周围，覆盖沙土 20cm 左右，每 10～15d 滴灌 1 次，每年增施化肥 2 次左右，总施肥量 10～15kg，以复合肥为主，具体肥种以下文田间主要管理技术为标准。详细内容请见田间主要管理技术。

五、保花保果措施

榛树落花落果主要集中在 3 个时期：第一个时期是开花时遇到不利的传粉

天气造成授粉受精不良，未授粉受精的花在开花后，随着新梢的生长逐渐脱落；第二个时期是新梢旺盛生长坚果膨大期，因营养不良引起落果；第三个时期是榛果生长后期因营养不足和病虫害会引起落果。在这 3 个时期，应采取如下措施保花保果。

一是加强榛园管理，保证植株正常生长发育，加强植株内营养的积累，改善花芽发育状况，提高坐果率。

二是如果在开花期连续遇到不良天气，可采用人工传媒授粉。榛树雄花开放早于雌花，当雄花伸长后，尚未散粉时把花穗摘下，放在干净向阳的室内，摊在白纸上，待花粉散出，收集于瓶中，放在 0～5℃处保存备用。当雌花柱头全部伸出时，选在阳光充足的天气进行人工授粉（用毛笔点授或袋装散授）。

三是在果实膨大期和种仁发育初期向根部追施或向叶部喷施复合肥。

六、防止榛果空粒或瘪仁

榛果有时出现无粒或瘪仁现象，其原因有 2 种：一是因受精不良影响胚囊发育，不能形成种仁；二是在配子发育初期，由于营养不良和环境条件不利而影响早期发育，形成瘪仁。防止榛果空粒和瘪仁的措施，第一是加强榛树的管理，使榛果在发育过程中有充足的营养，第二是尽量选育优良品种，第三是采取人工措施改善授粉环境条件，保证雌花受精良好，发育正常。

第五节　大果榛子苗木径粗与成活率相关性研究

大果榛子是由我国境内的东北野生平榛与引进的欧洲榛杂交后形成的适应环境生长的杂交种，又被称作平欧榛（张友贵等，2019）。它有着平榛母本与欧榛父本的优良品质，具有产量高，果仁颗粒饱满，口味甜以及抗高寒、耐瘠薄的特点（张罡，2018）。种植大果榛子具有一定的经济效益、社会效益、生态效益（庞发虎等，2002），已对其开展了广泛研究。对科尔沁沙地平欧榛进行研究后发现，不同品种的大果榛子的地径、株高等生长状况不一，‘达维’的生长优于其他品种（葛文志，2015）。对‘达维’与‘薄壳红’的萌芽率、展叶率以及成活率研究后确定品种的适宜种植期。除了对大果榛子的生长情况进行研究外，辽宁、黑龙江、河北、河南、宁夏等地都对大果榛子栽培地区的气候以及土壤条件、种植的行列间距、大果榛子在栽培定植过程中定植坑的大小，以及在定植过程中需要提苗与定植后的定土注意事项，大果榛子的枝干修剪以及灌溉次数等一系列栽培与管理技术进行了研究（李伟，2019；李秀霞等，2005；王荣敏等，2018；魏新杰，2019；赫广林，2019；陈炜春等，2017）。大果榛子的繁殖方式分为有性与无性繁殖 2 种，对无性繁殖的研究和生产应用都居多。压条、扦插、嫁接、组织培养作为无性繁殖的主要方法，其技术以及优劣点被广泛研究（王育梅，2013；易米平等，2009；李秀霞等，2008）。目前苗木质量分级主要采用逐步聚类、平均值±标准差、频率分布 3 种方法，不同的分级方法有不同的结果（欧健德等，2018；李鹏等，2014；陈俊强，2005；杨斌等，2006；彭素琴等，2016）。根据相关性与主成分分析结果选取苗木质量分级指标，地径、株高作为两大直观指标常用于苗木分级（吴运辉等，2018；江军等，2017；李娟等，2016）。有研究表明榛子苗地径 0.5~0.6cm 为优质苗（魏新杰，2019），也有研究表明 1 级苗地径为 0.8cm 以上，木质化根在 20 根以上，侧根长度 8cm 以上（刘春静，2019），2 级苗地径为 0.6cm 以上，木质化根 15cm 以上，侧根长度 5cm 以上。

现大多数研究集中在大果榛子栽培与管理、无性繁殖技术上（孙万河等，2007；姚秀仕，2019；张巍，2019；王文平等，2018；孙海旺，2014），对大果榛子的苗木等级划分与不同苗木等级大果榛子的生长特性、成活率的研究较少，而且地方不同，大果榛子的生长特征也不同。宁夏地区为大果榛子新种植区，苗木标准及相关栽培技术严重缺乏。本节在对宁夏引黄灌区大果榛子苗木进行分级后，对不同苗木等级的大果榛子的生长特性以及成活率情况进行研究，为大果榛子苗木等级划分提供理论依据，同时也为培育良种、高效栽培与推广应用提供参考依据。

一、研究材料与方法

1. 研究区概况

试验地区位于宁夏回族自治区银川市永宁县望洪镇园林村榛子园，该地位于引黄灌区中部，属于典型的大陆性气候，年均温 8.7℃，年平均降水量 201.4mm，蒸发量 1 470.1mm，多大风天，沙尘暴频发。地带性土壤类型以灰钙土、淡灰钙土、灌淤土为主，地带性植被有沙枣（*Elaeagnus angustifolia*）、沙蒿（*Artemisia desertorum Spreng*）、针茅（*Stipa capillata*）、沙柳（*Salix mongolica*）等。

2. 供试材料

在永宁县望洪镇园林村榛子园内选取当年生的大果榛子苗木为研究对象。定植时间为 4 月上旬，当年生榛子苗的种植密度为 60cm×60cm，10d 浇一次水。

3. 测定项目及方法

在榛子园中随机选取 156 株当年生榛子苗，用游标卡尺测定地径，钢卷尺测定株高；对苗木的叶片数、分枝数进行计数。

4. 数据处理与分析

用 Excel 进行数据录入与基础数据处理，用频率分布以及“平均值±标准差”的方法对苗木径粗与成活率进行相关性研究；用 DPS 分析相关性与主分分析。用毛榛生物量公式对当年生榛子苗生物量进行估测计算。

（1）频率=频数/总数。

（2）平均值 $\bar{x} = \frac{\sum xi}{n}$；标准差 $s = \sqrt{\frac{\left[\sum xi^2 - \left(\sum \frac{xi}{n}\right)\right]}{n-1}}$，其中 xi 为变数，n 为变数的个数。

（3）生物量 $W=0.0013D^{1.9102}H^{1.1524}$。

二、结果与分析

1. 苗木径粗与成活率相关性研究

频率分布图进行分级：根据随机测定的当年生榛子苗地径与株高，运用统计学手段计算频度、频率，对当年生榛子苗进行不同等级划分。由图 4-2 与图 4-3 可知，根据当年生榛子苗的地径大小、株高可以将榛子苗分为 4 级，Ⅰ级苗是地径 1.4cm 以上、株高 46cm 以上，Ⅱ级苗地径大小 1.0~1.4cm、株高 33~46cm，Ⅲ级苗地径 0.6~1.0cm、株高 20~33cm，Ⅳ级苗地径 0.6cm 以下，株高低于 20cm。

“平均值±标准差”进行苗木径粗与成活率相关性研究：根据“平均值±标准差”方法对 1 年生榛子苗进行分级，地径的平均值为 1.0cm，标准差为

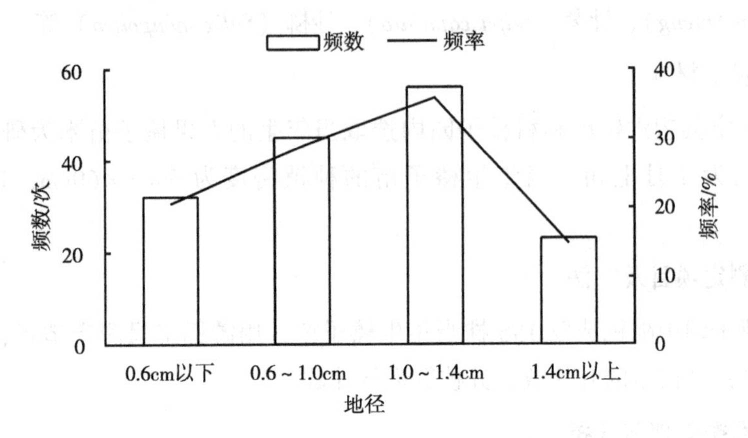

图 4-2　1 年生榛子苗地径频率分布

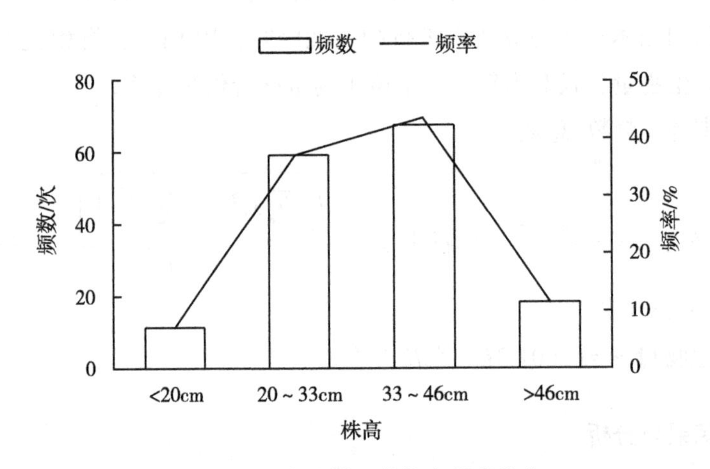

图 4-3　1 年生榛子苗株高频率分布

0. 4cm；株高的平均值为 33. 26cm，标准差为 12. 96。可将 1 年生榛子苗分为以下 4 级（表 4-4）。

表 4-4　1 年生榛子苗等级划分

分级方法	苗木等级	分级标准
平均值±标准差	Ⅰ	地径>1. 4cm，株高>46. 26cm
	Ⅱ	1. 0<地径≤1. 4cm，33. 26<株高≤46. 26cm
	Ⅲ	0. 6<地径≤1. 0cm，19. 30<株高≤33. 26cm
	Ⅳ	地径<0. 6cm，株高<19. 30cm

综合两种方法考虑，榛子Ⅰ级苗是地径1.4cm以上、株高46.26cm以上，Ⅱ级苗地径大小1.0~1.4cm、株高33.26~46.26cm，Ⅲ级苗0.6~1.0cm、株高19.30~33.26cm，Ⅳ级苗地径0.6cm以下，株高低于19.30cm。如地径与株高中有一项不满足分级标准，以地径为主。

2. 不同榛子苗木等级对成活率的影响

由图4-4可知，不同等级的当年生榛子苗的成活率有明显的差距。Ⅳ级苗的成活率只有12.50%，Ⅲ级当年生榛子苗的成活率为75.56%。Ⅰ级苗与Ⅱ级苗的成活率高达95%以上；Ⅰ级苗的成活率高达100%。随着苗木等级的下降，当年生榛子苗的成活率也随之下降。

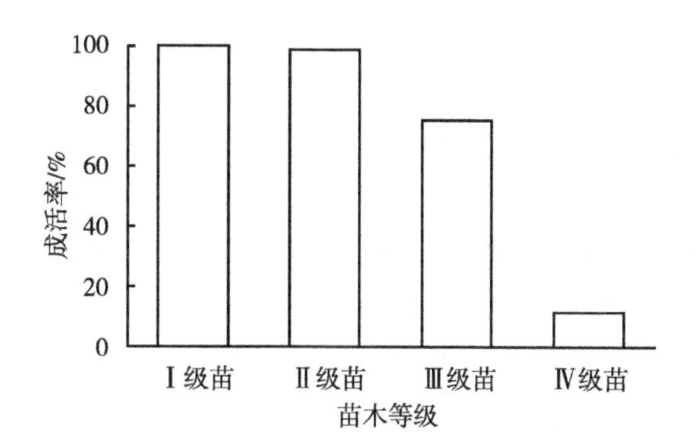

图4-4　不同榛子苗木等级对成活率的影响

3. 不同榛子苗木等级生长特性变异特征

不同榛子苗木等级对地径的影响：由表4-5可知，Ⅰ级苗的最大值为1.73cm，变异系数为6%；Ⅱ级和Ⅲ级的地径平均值为1.21cm和0.81cm，变异系数分别为10%、12.36%；Ⅳ级的平均地径为0.39cm，变异系数为26.22%。随着苗木等级下降，平均地径下降，变异系数呈上升趋势。

表4-5　不同榛子苗木等级地径生长特征

等级	平均值/cm	最大值/cm	中值/cm	标准差	变异系数/%
Ⅰ级苗	1.53	1.73	1.54	0.10	6.00
Ⅱ级苗	1.21	1.40	1.22	0.12	10.00
Ⅲ级苗	0.81	1.00	0.84	0.10	12.36
Ⅳ级苗	0.39	0.59	0.38	0.10	26.22

不同榛子苗木等级对株高（本次调查的株高为定植定干后的株高）的影响：表4-6是每个苗木等级株高的平均值、最大值、中值、标准差、变异系数。Ⅳ级苗的平均株高为22.20cm，变异系数高达32.42%；Ⅲ级与Ⅱ级苗的株高平均值为31.88cm和38.27cm，变异系数分别为20.30%与19.26%；Ⅰ级苗平均株高为42.61cm，变异系数16.48%。随着苗木等级的下降，当年生榛子苗的平均株高呈下降趋势，变异系数呈增加趋势。

表4-6　不同榛子苗木等级株高生长特征

等级	平均值/cm	最大值/cm	中值/cm	标准差	变异系数/%
Ⅰ级苗	42.61	56.20	42.30	7.02	16.48
Ⅱ级苗	38.27	58.30	36.85	7.37	19.26
Ⅲ级苗	31.88	48.10	32.00	6.47	20.30
Ⅳ级苗	22.20	39.80	22.80	7.20	32.42

不同榛子苗木等级对叶片数的影响：由表4-7可知，Ⅲ级苗与Ⅳ级苗的叶片数平均值分别为16.68、10.00，变异系数为44.70%、68.80%。Ⅰ级与Ⅱ级苗的平均叶片数分别为36.04与25.95，变异系数为44.48%与59.55%。随着苗木等级的下降，当年生榛子苗的平均叶片数也随之下降；变异系数的变化规律不显著。

表4-7　不同榛子苗木等级叶片数特征

等级	平均值	最大值	中值	标准差	变异系数/%
Ⅰ级苗	36.04	69	31	6.88	44.48
Ⅱ级苗	25.95	79	24	7.45	59.55
Ⅲ级苗	16.68	36	13.5	15.45	44.70
Ⅳ级苗	10.00	20	7.5	16.03	68.80

不同榛子苗木等级对分枝数的影响：随着榛子苗木等级的下降，当年生苗木的平均分枝数呈下降趋势（图4-5）。其中Ⅳ级苗的平均分枝数为0.13，Ⅲ级苗的平均分枝数为2.53，Ⅰ级苗与Ⅱ级苗的平均分枝数都在3以上。

不同榛子苗木等级对榛子生物量的影响：Ⅲ级苗与Ⅳ级苗的生物量平均值均低于0.1，Ⅳ级苗的变异系数高达68.68%，Ⅱ级苗的平均值为0.128，变异系数为35.64%，Ⅰ级苗的生物量最大，变异系数最小。随着苗木等级的下降，生

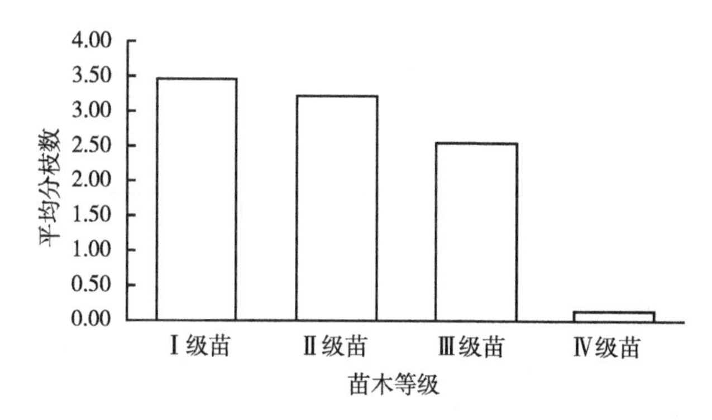

图 4-5　不同榛子苗木等级对分枝数的影响

物量的平均值呈下降趋势，变异系数无明显变化规律（表 4-8）。

表 4-8　不同榛子苗木等级对生物量的影响

等级	平均值	最大值	中值	标准差	变异系数/%
Ⅰ级苗	0. 222	0. 301	0. 218	0. 042	19. 07
Ⅱ级苗	0. 128	0. 260	0. 117	0. 046	35. 64
Ⅲ级苗	0. 047	0. 089	0. 048	0. 014	30. 49
Ⅳ级苗	0. 009	0. 022	0. 008	0. 006	68. 68

4. 相关性分析

根据相关性分析可知（表 4-9），地径与株高、生物量、叶片数呈极显著正相关，与成活率、分枝数显著正相关（P<0. 05）。株高与生物量呈显著正相关，与叶片数、成活率、分枝数极显著正相关。生物量与叶片数呈极显著正相关（P<0. 01），成活率与分枝数极显著正相关。其余相关性不显著。

表 4-9　相关性分析

相关系数	株高	生物量	叶片数	成活率	分枝数
地径	0. 99**	0. 98**	0. 99**	0. 92*	0. 93*
株高	1	0. 94*	0. 97**	0. 96**	0. 97**
生物量		1	1. 00**	0. 82	0. 83
叶片数			1	0. 86	0. 87

（续表）

相关系数	株高	生物量	叶片数	成活率	分枝数
成活率				1	1.00**
分枝数					1

注：* 表示 $P<0.05$，** 表示 $P<0.01$。

5. 主成分分析

由主成分分析可知，根据特征值>1，累计贡献率>80%选取主成分。由表4-10可知第1主成分的特征值>1，贡献率>80%，其中地径、株高为主要因子。

表 4-10　主成分分析

指标	第1主成分	第2主成分	第3主成分
地径	0.42	−0.15	−0.38
株高	0.42	0.06	−0.19
生物量	0.40	−0.53	0.13
叶片数	0.41	−0.40	0.21
成活率	0.40	0.53	−0.48
分枝数	0.40	0.50	0.72
特征值	5.671	0.327	0.002
累计贡献率（%）	94.52	99.97	100.00

6. 讨论与结论

苗木成活率与其粗壮程度息息相关，本节中1年生榛子苗的成活率随苗木等级上升而提高（欧健德等，2018）。不同苗木等级对林木的生长情况产生直接影响，各等级林木生长情况存在差异。一般情况下，随着苗木等级下降，地径、株高等生长特性也会随之下降，这与本节的研究结果一致（欧健德等，2018）。随着苗木等级下降，1年生榛子苗的地径、株高、叶片数、生物量等生长特性呈下降趋势，相关性分析也证明了这一理论。主成分分析选出地径、株高两大主成分，也印证了以地径、株高为依据进行苗木分级的正确性（杨斌等，2006）。

大多数的苗木分级研究多分为3级，但结合本地区的实际生产情况后，本节中将1年生榛子苗分为4级，方便生产。结合苗木的生长特性以及成活率，本节选取Ⅰ级与Ⅱ级苗木为优质苗，其中Ⅰ级苗为特等苗。本节的分级标准具有一定的地域性，适用于宁夏引黄灌溉区，而宁夏干旱风沙区、黄土丘陵区等代表性区域仍需进一步研究。综上，开展了苗木级别与成活率及生长特征研究，提出了适宜宁夏的苗木规格与苗龄，综合苗木的各考虑因素以及投资成本，在宁夏地区进行榛苗移栽时，建议使用地径大于10mm的苗木或2年生苗木。

第六节　宁夏引黄灌区不同树龄大果榛子生长表现研究

大果榛子是由我国境内的平榛与引进的欧洲榛杂交后形成适应环境生长的杂交种，又被称为平欧榛（张永贵等，2019）。目前，榛子在我国的繁殖技术主要有播种、扦插、移栽嫁接、压条、组织培养以及分株等（王荣敏等，2018；王克翰，2018；许书娟，2017；布林，2015）。该植物适应性强，抗寒性好，产量高，品质优且易于管理（孙万河，2007）。为提高榛子的产量与质量，不同栽培管理研究措施主要集中于树形修剪技术（王珊珊，2018）、施肥量不同（牛兴良，2016；陈凤，2014）、多品系混植与杂交等措施（杨青珍，2004），加强对于榛子资源品种改良、榛子油品质评价以及质量的控制（吕春茂等，2019），选择适宜的优良品种进行推广，加快良种繁殖（石英等，2019），进一步提高榛子的生产规模，而且不同生长调节剂的种类及浓度对生根的影响不同，使榛子的产量发生变化（许柏林，2018）。在种植移栽的过程中林分密度会影响植被对光照的接受以及通风程度，对榛子野生资源的开发有着重要的影响（刘建明等，2018）。一些外界环境因素对榛子的生长发育也有重要影响，例如在不同水分梯度下榛子叶片的光谱反射率不同，适度的水分含量对于榛果园的精确管理有着重要作用（胡珍珠等，2019）；加大虫害防治是促进榛子园连年丰产稳产的关键（常延明，2018）。除此以外，各级政府对于榛子推广引进的大力支持，进一步引导产业快速发展（王志新，2018）。

苗木是发展经济林产业的根本，榛子不仅有较好的经济价值，对于环境保护也有积极意义（邓继峰等，2018）。宁夏目前处于起步阶段，故在适应宁夏自然环境的基础上，实现该种经济林科学种植的前提和基础是加强对苗木质量的界定与生长性状的研究，推动榛子产业的发展，将可极大地调动当地经济发展。

而目前对当地榛子的引进以及种植研究较少，故本次对榛子种植进行研究，为树种引进提供理论依据。

一、研究材料与方法

1. 研究区概况

研究区位于银川市永宁县望洪镇园林村，地处银川平原引黄灌区中部，东临黄河，西靠贺兰山，其位置为北纬 38°26′~38°38′，东经 105°49′~106°22′。地处中温带干旱气候区，年均温度 8.7℃，无霜期 167d，光照充足，昼夜温差较大。年平均降水量 201.4mm，年降水分配不均匀，集中在 7 月、8 月、9 月 3 个月，且降水稀少，蒸发强烈，较为干旱。

2. 试验方法

试验以抗寒性较强的‘达维’品种为材料进行种植研究。于 2019 年对榛子各单株进行生长指标调查，其中苗高（H）和冠幅（G）采用钢卷尺测量；地径（D）采用游标卡尺测量；分枝数和果序采用计数法。测定当年生苗时，$0.6cm \leq D<0.8cm$ 为小苗（D_1），$0.8cm \leq D<1.2cm$ 为中苗（D_2），$D \geq 1.2cm$ 为大苗（D_3）。利用榛子自然发生根蘖的特性，当年生苗木采用的是上年直立压条法繁殖而成，于本年 4 月 20 日起苗移栽，株行为 2m×3m。

3. 单株生物量预测

以地径（D）、树高（H）或者其组合为自变量，以幂函数 $W=0.0013D^{1.9102}H^{1.1524}$ 和多项式 $W=-9.9144+0.0025(D^2H)-0.000000000132(D^2H)^2$ 作为榛子生物量预测的模型。

4. 数据处理与分析

所有数据采用 Excel 进行初步整理，利用 DPS 软件进行显著性检验，SPSS 进行相关性检验。

二、结果与分析

1. 当年生不同幼苗移栽后树体生长状况

由表 4-11 可知，当年生幼苗在移栽后生长状况不同。小苗移栽当年，地径平均值为 7.97cm，而中苗的地径均值为 9.04cm，大苗的地径要显著高于其他苗木（$P<0.05$），均值为 14.15cm。不同幼苗移栽后的植物株高差异性显著（$P<0.05$），小苗的株高为 29.74cm，中苗的株高为 36.29cm，大苗的株高是 44.92cm。小苗的平均叶片数为 13.06 个，分枝数为 3.81 个；中苗的平均叶片数为 25.65 个，分枝数为 3.31 个；大苗的平均叶片数为 41.27 个，分枝数为 3.69 个。其中小苗的成活率仅为 70.83%，而中苗和大苗的成活率均为 100%。

表 4-11　不同规格当年生幼苗移栽后生长以及成活率

幼苗	观测数	地径/cm	株高/cm	叶片数/个	成活率/%	分枝数/个
D_1	26	7.97±0.52b	29.74±1.15c	13.06	70.83	3.81
D_2	26	9.04±0.39b	36.29±1.50b	25.65	100	3.31
D_3	26	14.15±0.30a	44.92±1.45a	41.27	100	3.69

注：同列不同字母表示处理间存在显著差异（$P<0.05$）。

2. 不同树龄榛子的植株性状

由表 4-12 可知，不同树龄的冠幅（东西×南北）之间差异较大，1 年冠幅显著小于其他（$P<0.05$），而 6 年的冠幅显著高于其他年限（$P<0.05$）；但是对于分枝个数，不同树龄之间差异性并不显著；从果序数来看，5 年与 6 年之间差异性不显著，但要显著高于其他 4 个树龄的果序数，而其他 4 个处理果序数之间的差异不显著。

表 4-12　不同树龄榛子的植株性状

树龄	冠幅		分枝数/个	果序数/个
	东西/cm	南北/cm		
1 年	14.54±0.56e	13.36±0.53e	0.00±0.00b	0.00±0.00b
2 年	45.06±2.75d	43.28±2.57d	4.08±0.33a	0.00±0.00b
3 年	64.84±3.36c	70.55±2.77bc	4.59±0.29a	2.53±1.82b
4 年	76.89±5.67b	79.61±5.75b	3.86±0.43a	17.00±3.71b
5 年	61.93±5.20c	60.67±5.09c	3.67±0.37a	153.83±39.23a
6 年	124.80±13.01a	117.30±11.94a	4.70±0.37a	159.16±22.54a

注：同列不同字母表示处理间存在显著差异（$P<0.05$）。

3. 不同树龄榛子树生物量预测

如图4-6所示，利用幂函数（图4-6A）和多项式（图4-6B）的计算公式得出不同树龄的生物量，发现在不同的计算公式下，榛子树的生物量随时间的推移逐渐增加，但是5年的生物量要低于4年，与1年、2年的生物量差异不显著，6年时生物量达最大，而且显著高于其他树龄。

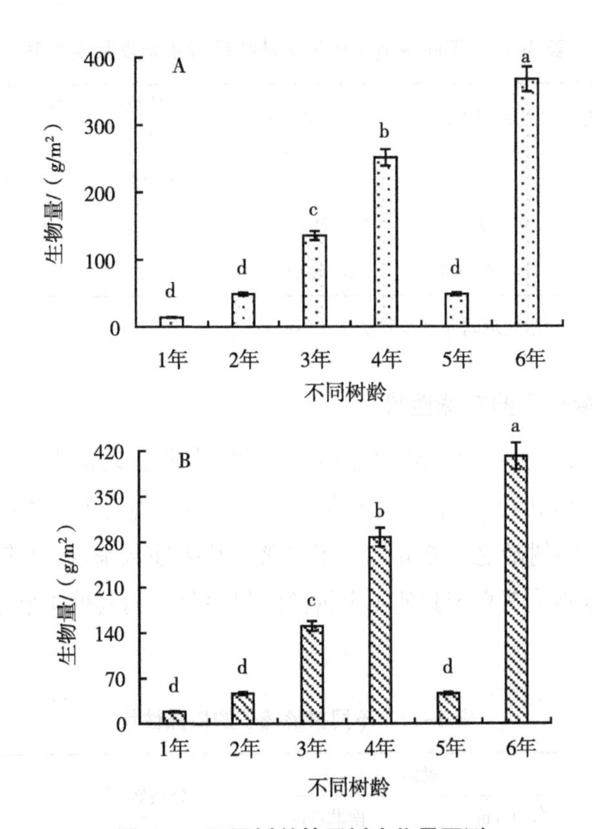

图4-6 不同树龄榛子树生物量预测

注：不同小写字母表示不同处理间存在显著差异（$P<0.05$）。

4. 榛子树果实鲜重与植株特征之间的相关性

如表4-13所示，榛子壳鲜重与苞鲜重以及仁鲜重之间呈极显著正相关（$P<0.01$），与果序个数、分枝数以及分蘖数之间呈负相关，但是相关性不显著；苞鲜重与仁鲜重呈极显著正相关。

表 4-13　榛子树果实鲜重与植株特征的相关性

指标	壳鲜重/g	苞鲜重/g	仁鲜重/g	果序数/个	分枝数/个	分蘖数/个
壳鲜重/g	1					
苞鲜重/g	0.924**	1				
仁鲜重/g	0.740**	0.764**	1			
果序数/个	-0.096	-0.117	-0.019	1		
分枝数/个	-0.024	0.020	-0.141	-0.035	1	
分蘖数/个	-0.167	-0.217	-0.189	0.170	-0.005	1

5. 主要问题与对策

（1）本研究中当年生幼苗在移栽后中苗和大苗的成活率均较高。其中影响移栽成活的主要因素有植物生理特点、周围环境及管理条件等，研究中这些因素基本一致，但在宁夏夏季干旱高温期如灌溉不及时，榛树会有部分死亡，2 年及以上苗木抗旱性明显增强。而且中苗和大苗的植株均生长健壮，植株内部营养物质存储较多，故两者的移栽成活率均较高。叶片的光合作用对植物能量的产生与代谢非常重要，小苗叶片数较少，故其组织的发育充实程度较低，存储的营养物质较少，存活率较其他 2 种苗木低。考虑宁夏地区的气候比较干旱，而 2 年苗木的抗旱能力已有明显的提高，且成活率较高，再进一步结合各项投资成本分析，在宁夏进行移栽适宜用 2 年生或 3 年生的苗木，最好带土球移栽。

（2）随着时间的推移，榛子树的冠幅、分枝数以及果序不断增加，但是 5 年榛子树的冠幅要低于 4 年，可能是由于树木处于生长第一阶段——结果控冠期，树势还不稳定，故其特征会发生一定的变化，不同的树冠及树枝性状会影响枝叶对光的利用能力，但是对于果序个数的影响较小。

（3）树体生物量的积累不仅会影响榛子树的生长状况和内部代谢，也是影响产量的关键因素，由于地径和树高与生物量之间的相关性较高，故利用幂函数和多项式拟合出榛子生物量预测的最佳模型，发现生物量的积累趋势与时间增长情况一致，但是 5 年的榛树由于枝条以及冠幅的影响，生物量降低。

（4）榛果的体积增长到一定程度后将不会继续增长，而果仁的增长对于榛果重量的增加以及品质的提高有着重要影响。本次研究中壳鲜重、苞鲜重以及仁鲜重之间呈极显著相关，说明果仁越大，果壳越厚，单果就越重。但与植株性状之间的相关性并不显著，这与植株的生长时期有关。

本试验对1~6年榛子移栽的成活率以及生长情况进行了调查，具有一定的时间局限性，榛子树体在7~9年为增产形成期，容易出现产量不稳的现象，故还需进行更长时间的树木生长以及结果情况的跟踪调查。同时进一步研究各年龄段榛子的移栽情况，为榛子在宁夏的引进以及发展提供理论、技术的指导。

6. 主要研究结果

通过测定榛子的株高、地径、冠幅、分枝数、果序等生长特性，对榛子树在不同树龄阶段的生长表现进行研究，得出以下的结论：一是中苗和大苗的存活率较高；二是不同树龄之间冠幅差异较大，但分枝数之间无明显差异；三是在榛子生物量的预测中发现，随着年份的推移生物量增加，但是5年生物量下降；四是1~6年榛果的壳鲜重、苞鲜重以及仁鲜重之间的相关性显著，与植株性状之间相关性较小。综合苗木的成活率及投资成本等因素，在宁夏引黄灌区进行榛苗移栽时，建议使用2年生苗木。

第七节　不同修剪方式对平欧杂种榛生长与光合特性的影响

平欧杂种榛是由我国境内的平榛与引进的欧洲榛杂交后形成的适应环境生长的杂交种（张友贵等，2019），它具有产量高、果仁颗粒饱满、口味甜以及抗高寒、耐瘠薄的特点（张罡，2018）。平欧杂种榛作为重要的木本树木以及干鲜均可食用的坚果树种，其果仁营养价值高，广泛种植平欧杂种榛具有一定的经济效益、社会效益、生态效益。修剪是果树栽培常用的增产与田间管理方式，但由于大果榛子人工栽培时期相对较短，缺乏必要的修剪方式技术支撑，果农在修剪果树时措施不当或不会修剪，导致榛子树出现树木生长势头弱、枝条较细、果实的品质较差等情况。因此，研究合理的平欧杂种榛的修剪方式对提高果实品质，增加经济效益有着重要意义（罗达等，2018）。

修剪作为调节树木枝态、平衡树木营养生长与生殖生长的重要手段，对提高树木的光合作用以及结实品质起着重要作用（许奇志等，2013）。合理的修剪主要是调整树木的树形结构，改变内膛的温度、湿度与光照，达到光合利用率最大化，协调营养物质的流转与消耗过程，从而达到营养与生殖平衡（张翔等，2014），便于田间管理，减少和防治病虫害，改善果实品质等。在对不同长势的树木合理修剪方式的研究中，中剪措施下壮枣树的枝长、枝粗以及花芽个数反映较好，而轻剪对中庸树的效果较好（邢合龙，2018）。在对红富士苹果树的良好修剪方式的研究中发现，轻剪提高了树木的光照强度，并显著提升了果实产量与品质（宋凯等，2010）；对大 10 果桑经济性状研究中也发现极轻剪能显著提高果实的品质（邓朝艳等，2017）。对不同修剪强度下的锥栗光合以及产量的研究发现，中修剪是最合适的修剪方式（王刚等，2017）；在对新疆地区不同枝条年龄的平欧杂种榛的研究中发现，1 年生枝条的光合作用与产量在轻度修剪下最大（罗达等，2018）。以上研究结果表明修剪对于提高树木的光合效率以及果实产量、品质的提升具有重要作用。

现有大多数研究集中在平欧杂种榛的栽培与管理繁殖技术上（孙万河等，2007；姚秀仕，2019；张巍，2019；王文平等，2018；孙海旺，2014；黄先东，2015），宁夏地区为平欧杂种榛的新种植区，修剪方式对平欧杂种榛生长与光合特性的研究较少。因此，以宁夏引黄灌区平欧杂种榛 5 年生树木为研究对象，分析在对照（未修剪）、轻剪、中剪、重剪 4 种处理下榛子树的生长与光合特性的变化趋势，探索宁夏地区平欧杂种榛的合理修剪方式，以期为宁夏地区的平欧杂种榛的优质高产栽培技术提供科学依据。

一、材料与方法

1. 研究区概况

试验地区位于宁夏回族自治区银川市永宁县望洪镇园林村，该地位于引黄灌区中部，属于典型的大陆性气候，年均温 8.7℃，年平均降水量 201.4mm，蒸发量1 470.1mm，多大风天，沙尘暴频发。地带性土壤类型以灰钙土、淡灰钙土、灌淤土为主，地带性植被有沙枣、沙蒿、针茅、沙柳等。

2. 试验材料

2019 年 4 月在永宁县望洪镇园林村榛子园内，选取大小、长势相似的 5 年生‘达维’品种大果榛子树进行修剪。

3. 试验方法

设置未修剪（对照）、轻剪、中剪、重剪 4 个处理。每个处理 12 个重复，共 48 棵树。

4. 项目测定

（1）生长特性的测定。用钢卷尺测定株高、冠幅大小；对果序个数进行计数，在秋收后对榛子进行考种，计算单位面积产量。

（2）光合特性的测定。在植物生长旺盛的 8 月上旬，选择晴朗无云的晴天在 8:00—11:00 测定榛子的光合特性。在树冠中部的东、南、西、北 4 个方向选取新鲜树叶，用光合仪（LI-C6800）测定榛子的净光合速率、蒸腾速率、胞间 CO_2浓度、气孔导度等光合指标。每处理 5 个重复。

5. 数据分析

用 Excel 进行数据录入与基础处理，采用 SPSS 进行单因素方差分析，LSD 进行差异性检验。Oringin 9.0 作图。

计算各个指标的隶属函数值，采用综合各个指标的平均隶属函数值对不同的修剪方式进行评价。隶属函数值的公式为：

$$隶属函数值 = \frac{X - X_{min}}{X_{max} - X_{min}}$$

式中，X 为光合指标的测定值，X_{max} 为该指标测定的最大值，X_{min} 为该指标测定的最小值。平均隶属函数值位于 0~1，平均隶属函数值越大，表明该修剪方式的修剪效果越好。

二、结果与分析

1. 不同修剪方式对平欧杂种榛植株横、纵投影直径及冠幅的影响

由表 4-14 可知，随着修剪程度的增加，平欧杂种榛的横、纵投影直径以及冠幅呈先上升后下降再上升的趋势。与对照相比，轻剪、中剪、重剪的横、纵径以及冠幅都有增加。在各个修剪处理下，平欧杂种榛的横、纵投影直径以及冠幅之间的差异不显著（$P<0.05$）。

表 4-14　不同修剪方式对平欧杂种榛植株横、纵投影直径及冠幅的影响

处理	横径/cm	纵径/cm	冠幅/cm²
对照	82. 50±4. 92a	78. 33±2. 70a	6 294. 33±770. 69a
轻剪	92. 67±9. 26a	89. 67±7. 50a	8 588. 50±1 392. 29a
中剪	84. 92±8. 15a	80. 58±8. 75a	7 123. 92±1 651. 70a
重剪	96. 00±7. 19a	96. 33±7. 76a	9 262. 83±1 322. 03a

注：同列不同小写字母表示处理间差异显著（$P<0.05$），下同，（马静利等，2020）。

2. 不同修剪方式对平欧杂种榛株高、果序数、产量的影响

由图 4-7 可知，平欧杂种榛的株高、果序数随修剪强度的增加呈先增加后减小再增加的趋势，轻剪的株高、果序数相比对照有所增加。从株高方面看，

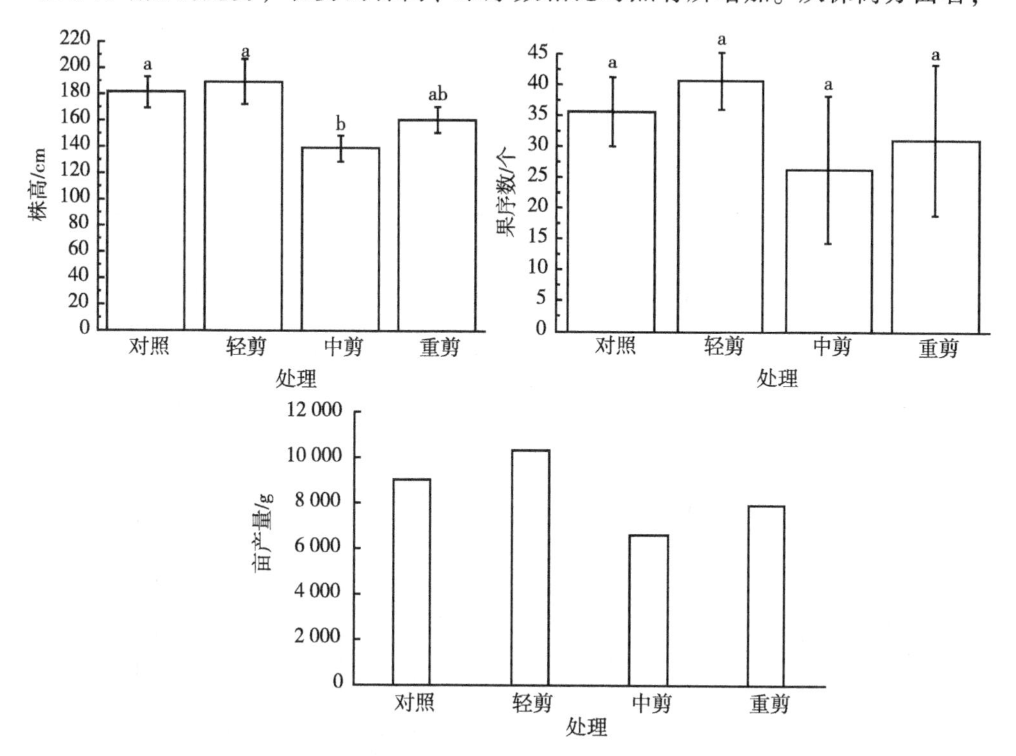

图 4-7　不同修剪方式对平欧杂种榛株高、果序数、亩产量的影响（马静利等，2020）

注：不同小写字母表示各处理间存在显著差异（$P<0.05$），下同。

中剪的株高低于其余3个处理，并与对照、轻剪处理间差异显著（$P<0.05$）。从果序数来看，各处理间差异不显著。从产量上来看，轻剪的产量最高，中剪的产量最低，产量由高到低为轻剪>对照>重剪>中剪。

3. 不同修剪方式对榛子净光合速率、蒸腾速率的影响

由表4-15可知，平欧杂种榛的净光合速率、蒸腾速率随修剪程度的加深呈上升—下降—上升趋势。从净光合速率来看，中剪的光合速率最低，与其余处理之间存在显著差异（$P<0.05$）；但轻剪与重剪之间差异不显著。从蒸腾速率看，与对照相比，3种处理的蒸腾速率都出现增加趋势，但轻剪、中剪与对照的差异不显著，重剪差异显著。

表4-15 不同修剪方式对平欧杂种榛净光合速率、蒸腾速率的影响

处理	净光合速率/［μmol/（m^2·s）］	蒸腾速率/［mol/（m^2·s）］
对照	54.61±1.47b	0.027 5±0.001 7b
轻剪	63.14±1.31a	0.029 3±0.000 8ab
中剪	47.51±3.71c	0.028 8±0.001 5ab
重剪	65.20±0.93a	0.032 1±0.000 5a

4. 不同修剪方式对平欧杂种榛胞间CO_2浓度、气孔导度的影响

平欧杂种榛的胞间CO_2浓度随修剪程度的增加呈降低趋势（图4-8）；重剪的胞间CO_2浓度与对照、中剪存在显著差异（$P<0.05$）。随着修剪程度的加深，

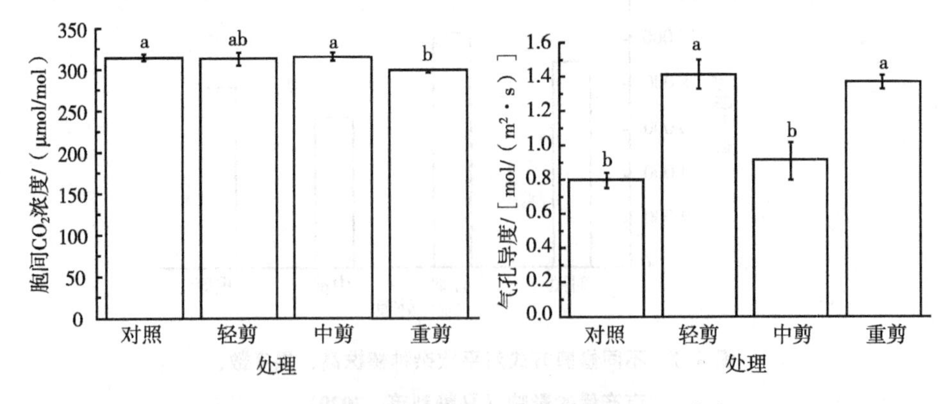

图4-8 不同修剪方式对平欧杂种榛胞间CO_2浓度、气孔导度的影响（马静利等，2020）

平欧杂种榛的气孔导度呈增加—减小—增加趋势；轻剪、中剪、重剪的气孔导度相较对照有所增加。轻剪、重剪的气孔导度与对照、中剪存在显著差异（$P<0.05$）。

5. 隶属函数值综合评价

采用隶属函数值计算公式对各个指标的隶属函数值进行计算，综合各指标的平均隶属函数值对不同修剪方式进行评价。由表 4-16 可知，对照、轻剪、中剪、重剪的平均隶属函数值分别为 0.49、0.57、0.42、0.51。平均隶属函数值由高到低排序为轻剪>重剪>对照>中剪，由此可知轻剪的修剪结果最佳。

表 4-16　不同修剪方式下各指标的隶属函数值（马静利等，2020）

隶属函数值	对照	轻剪	中剪	重剪
横径/cm	0.53	0.63	0.38	0.43
纵径/cm	0.52	0.53	0.36	0.54
冠幅/cm^2	0.35	0.53	0.35	0.51
株高/cm	0.52	0.64	0.54	0.53
果序数/个	0.60	0.59	0.26	0.42
净光合速率/［μmol/（$m^2 \cdot s$）］	0.32	0.43	0.48	0.51
蒸腾速率/［mol（$m^2 \cdot s$）］	0.53	0.58	0.49	0.51
胞间 CO_2浓度/（μmol/mol）	0.52	0.74	0.39	0.55
气孔导度/［mol/（$m^2 \cdot s$）］	0.48	0.44	0.53	0.56
平均隶属函数值	0.49	0.57	0.42	0.51
排位	3	1	4	2

6. 主要研究结果与讨论

修剪是调节树形结构与光照条件的必要措施之一，通过改变树木内膛的温度、湿度等小气候，使果树的养分与空间达到平衡，促进树木生长（李敏敏等，2011）。修剪提高了平欧杂种榛的生长特征，这与其他研究结果相似，但 4 种处理间差异不显著，可能与枝条年龄有关。光合作用是各种生理与生态因子的综合反映，是研究植物生长与生理的重要媒介（刘玉华等，2006）。修剪通过改变树冠枝叶，树木的光照强度，调节温度、湿度等小气候特征，改善树木通风能力（罗达等，2018）。大量研究表明修剪提高了树木的净光合速率、蒸腾速率以及气孔导度，该结果与前人研究相似（罗达等，2018；许奇志等，2013；张翔等，2014；邢合龙，2018；宋凯等，2010；朱雪荣等，2013）。

果树修剪是树木内部达到平衡、果实产量和品质提高的重要措施。该研究表明修剪与对照相比提高了平欧杂种榛的生长特性，但除株高外其余生长特性指标差异不显著。轻剪、重剪的净光合速率、蒸腾速率、气孔导度高于对照、中剪处理。根据隶属函数值法对不同修剪方式进行评价发现，轻剪是最适宜平欧杂种榛的修剪方式，研究结果与罗达的研究相同。

第八节　榛子扦插育苗技术研究

一、主要研究内容

1. 不同激素处理嫩枝扦插育苗生长状况研究

嫩枝扦插试验材料采自榛子基地采穗圃，选取生长健壮、无病虫害的插条为供试材料，选择萘乙酸（NAA）、吲哚乙酸（IAA）、3-吲哚丁酸（IBA）等激素，研究不同处理对扦插成苗率的影响，按照试剂推荐浓度，分高、中、低3种使用量，以清水为对照，对比分析不同试剂、不同使用浓度对榛子嫩枝扦插育苗生根率、存苗率及生长情况的影响，筛选1种试剂，明确使用浓度，为规模化技术示范推广提供技术支撑。

2. 不同培养基质对榛子扦插生根的影响

分别以珍珠岩、蛭石、沙土和草炭等为基质，选择3~4种或按一定比例配合使用，在消毒、灭菌等保障条件下，开展不同基质处理对榛子嫩枝扦插育苗生根的影响，以沙土为对照，使用统一浓度的激素浸口处理，对比分析不同基质处理对榛子嫩枝扦插育苗的影响，筛选出1~2种适宜嫩枝扦插育苗栽培的基质。

3. 榛子嫩枝扦插育苗主要生物学特性及关键技术集成研究

在合理温度控制、微喷灌溉、水肥光照调控、病虫草害防治、适时修剪管理等条件下，初步总结出适宜宁夏引黄灌区大果榛子的扦插苗床制作、插条选择方式、剪条长度、叶片保留、温湿调控、扦插时间、病虫害防治等育苗关键技术，确定榛子嫩枝扦插育苗管理要点、优良性状和发展方向等。同时，配套开展榛子机械松土、有机肥增施、水肥一体化、杂草防治、修剪定型、护苗除蘖等技术集成应用研究，为科学指导宁夏榛子新兴产业培育和发展提供技术支撑。

4. 关键技术问题

榛子扦插育苗培养保障生根条件下的基质选择、温湿调控、扦穗处理等，是本项目的关键技术。

二、试验方法与主要研究结果

（一）2019 年试验方法

1. 试验设计

2019 年在弓形日光塑料温室大棚内进行扦插育苗，棚顶安装喷水装置，用来控制棚内空气湿度以及苗床的土壤湿度。根据需要配备的棚高度为 2.5m、宽度 7m、长 50m，延温棚走向共设置 4 条苗床，每条苗床宽 1.0m，走道宽 30cm，株行距 7cm×10cm，每个试验小区 1.0m^2，3 次重复，试验小区随机编号错位倒序排列。棚上用一层黑色遮阳网，遮光率达 70%~75%，扦插后 20d 左右完全遮阳，随着下部逐步生根后将遮阳网展开，使棚内逐步透光，促使生根、增根。温室大棚的门设置在棚两端，距离棚门两端 3m 处均设置为试验保护区，棚内插床底部将原土起垄 5cm 左右的苗床，苗床上再铺 5cm 左右的河沙作为透水通气材料。试验中分别选用河沙、蛭石、珍珠岩、椰糠、锯末共 5 种基质。不同激素处理扦插基质选择珍珠岩：河沙=1：2。不同叶片处理分别采用 1 年生种条保留 2 片全叶、剪半叶、剪 3/4 叶，以及 2 年生种条保留 2 片全叶、剪半叶、剪 3/4 叶共 6 个处理。

2. 试验方法

（1）温度与湿度监测。分别在不同基质的苗床上安装针式土壤湿度自动监测设备，同时在温棚内安装小百叶条，时时监测温棚内空气温度与湿度，每 30min 记录一次。

（2）供试品种及插条选择。选用 1 年生根蘖苗，粗度 5mm 以上，剪半叶、保留两片叶，插条长度 8~10cm。不同品种扦插处理分别选择‘达维’‘辽榛 7

号'‘辽榛3号'榛子苗，开展不同品种榛子扦插育苗试验。

（3）激素处理。除不同激素、不同浓度试验外，其余试验均选用3.33‰（水3 000mL+10g国光根盼）激素蘸水10s，扦插深度2~3cm。

（4）苗床管理。扦插后立即漫灌一次透水，随后每7~10d灌一次透水。每天喷雾2~3次，15d后每天喷雾1~2次。每7~10d喷一次甲基硫菌灵、精甲·咯菌腈等杀菌剂。6月25日开始扦插，28日结束。

（5）生长调查。7月8日（扦插后13d）第一次生长调查，8月2日（扦插后26d）第二次调查。

（二）2020年试验方法

1. 2019年试验失败问题分析

由于采用2.5m高温室大棚喷水雾化，温棚空间较大，棚内保湿效果较差，棚内空气湿度不高。另外，对扦插苗激素蘸苗时，易出现浸蘸时间较长、部分扦插苗叶片蘸到激素等问题，导致2019年试验失败。

2. 2020年试验改进措施

2020年，本试验在有效借鉴2019年试验失败的基础上，改用在4个1.0m宽的苗床上直接覆盖小型弓形棚膜，然后在小型弓形棚膜外的2.5m大型棚架上覆盖一层黑色遮阳网，遮光率达70%~75%。6月18日开始扦插，19日结束。激素种类及浓度在综合比较2019年试验结果的基础上，选用2019年试验20%萘乙酸（NAA）：5‰［水950mL+50mL无水乙醇+5g 20%萘乙酸（NAA）］的试验浓度进行。插条基部浸蘸激素5s，浸蘸时插条叶片上不能蘸激素，并严格控制浸蘸时间。扦插后15d内每天早、中、晚各用小型人工喷雾器喷雾一次，15d后，每天早、晚各喷雾一次，然后压严保湿。其他试验同2019年。

（三）榛子扦插育苗设施温棚温度与湿度变化

1. 数据来源

能否保持适宜的大气温度和较高的大气湿度是扦插成功的关键技术环节，因此对温棚大气温度与大气湿度的监测记录则是试验的重中之重。试验采用武汉新普惠科技有限公司生产的PC-4B监测系统，24h不间断监测温棚内温度与湿度数值，每30min记录一次，实时显示传感器的数据。同时还可以监测土壤温度、湿度、气压等。

2. 数据分析

采用 2019—2020 年度收集到的监测数据，先求得每天的温度平均值，根据每天的日平均数值求出月平均值，根据每个月的月平均值求出季节平均值，利用 Excel 进行数据整理制图分析，用多重比较方法进行单因素方差分析。

3. 试验结果

（1）2019 年扦插后温棚大气温度与湿度变化。由图 4-9 可知，6 月下旬到 8 月下旬大气温度都在 20℃以上，大气温度呈先增加后减小的趋势，7 月下旬温度最高。但平均温度总体保持在 25℃以下。

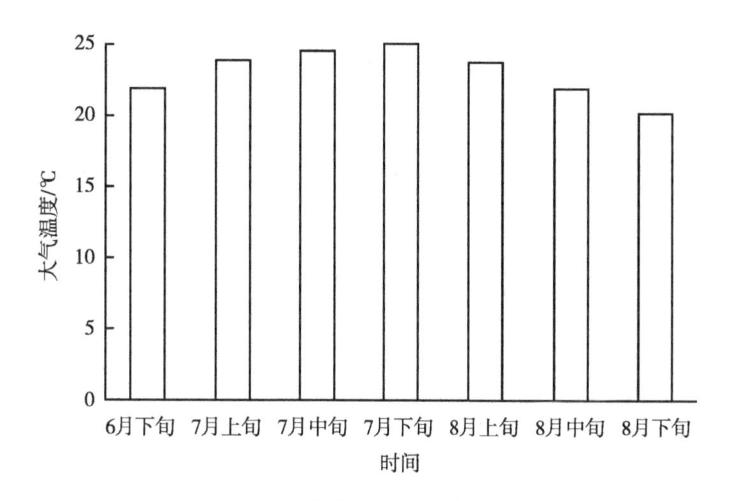

图 4-9　2019 年扦插温棚大气温度变化

由图 4-10 可知，6 月下旬到 8 月下旬，大气湿度都在 50%以上；随着时间的延长，大气湿度先升高再降低再升高。8 月上旬的大气湿度最高，8 月下旬的大气湿度最低。由于温棚高度较高，棚内体积较大，因此空气湿度很难控制在技术要求的 90%左右，是导致本年度试验失败的主要原因。

（2）2020 年扦插后温棚大气温度变化。

①月变化。由图 4-11 可知，温棚内和温棚外从 6 月下旬到 10 月上旬大气温度都在 10℃以上；整体温棚内的大气温度高于温棚外；从 6 月上旬到 10 月上旬，温棚内外温度都呈先增加后下降的趋势，其中温棚内 7 月下旬温度最高，温棚外 8 月上旬温度最高。整体均在技术要求的 35℃以下，保证了扦插苗正常生长所需的健康温度。

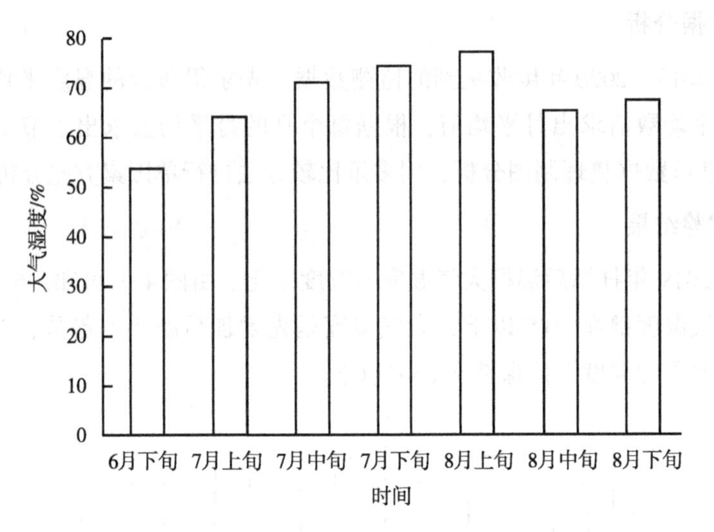

图 4-10　2019 年扦插温棚大气湿度变化

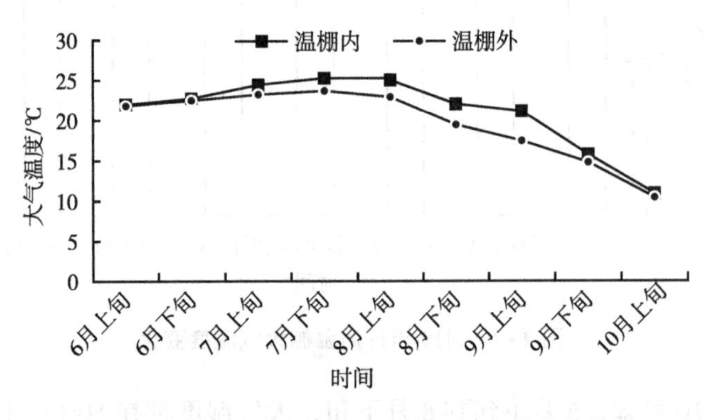

图 4-11　2020 年扦插温棚大气温度月变化规律

②日变化。由图 4-12 可知，从 7 月开始，温棚内大气温度呈曲线变化，基本保持在 35℃以下，满足了扦插育苗生长的温度需要。整体上 2020 年 10 月的大气温度相对最低，其中 2020 年 9 月 8 日 15:30 大气温度最高，大气温度最高是 60.3℃。2020 年 10 月 4 日 7:00 的大气温度最低，为-0.3℃。

（3）2020 年扦插后温棚大气湿度变化。

①月变化。由图 4-13 可知，温棚内的大气湿度整体高于温棚外。温棚内的大气相对湿度从 7 月下旬至 9 月上旬都在 90%以上，部分时间段接近 100%，完全满足了试验需要，由此可知，采用人工喷雾器每天 2~3 次的喷雾保湿方法是可行的，

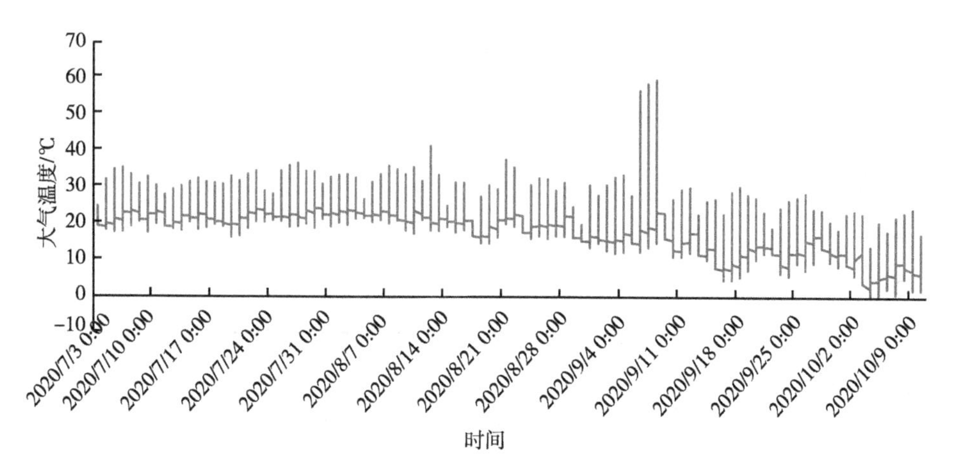

图 4-12　2020 年扦插温棚大气温度日变化规律

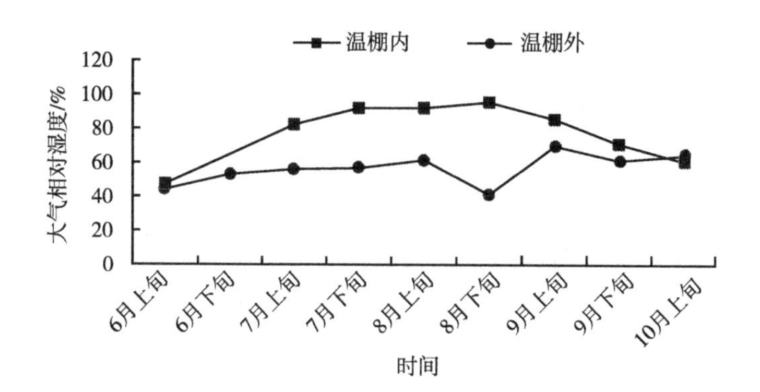

图 4-13　2020 年扦插温棚大气相对湿度月变化规律

技术适用于扦插规模较小的农户。温棚外的大气相对湿度从扦插试验前的 6 月上旬到扦插试验结束后的 10 月上旬都在 40%以上。温棚内的大气湿度随着时间的延长，大气湿度呈先升高再降低再升高再降低趋势，其中 8 月下旬最高，6 月上旬最低。温棚外的大气湿度从 6 月上旬到 10 月上旬的变化趋势与温棚内相似，但湿度变化相对较大，其中 9 月上旬大气湿度最高，8 月下旬的大气湿度最低。

②日变化。由图 4-14 可知，从 7 月开始，温棚内的大气湿度呈曲线变化。其中 2020 年 8 月大气湿度整体较高，2020 年 9 月和 10 月的大气湿度相对较低，2020 年 8 月 27 日、8 月 30 日、9 月 2 日、9 月 4 日等大气相对湿度最高达 100%，2020 年 9 月 17 日的大气相对湿度最低为 18. 6%。

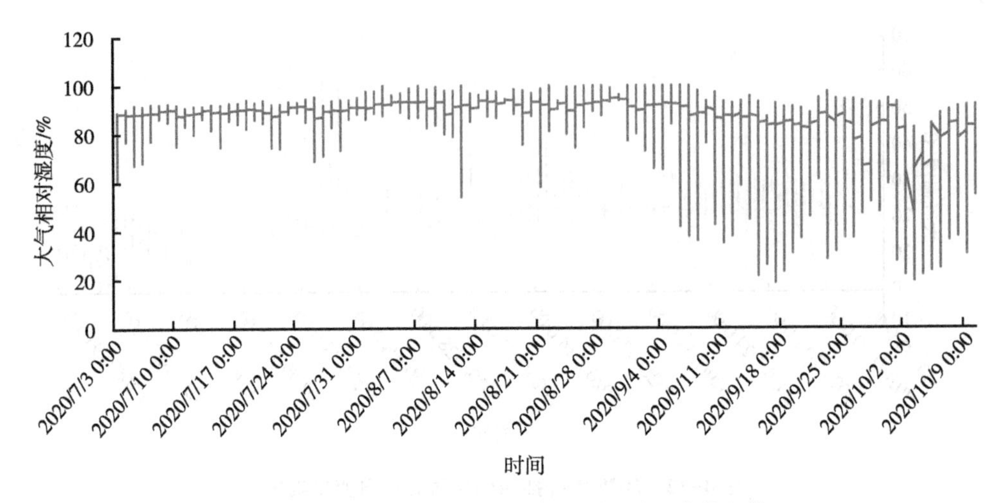

图 4-14　2020 年扦插温棚大气相对湿度日变化规律

由于 2020 年在 2019 年试验失败的基础上，采用大棚遮阳、小棚保湿的措施，改进了温棚结构。从试验监测来看，扦插后自 7 月 3 日将百叶箱放置在温棚开始监测后，由于温棚高度较低，棚内体积较小，温棚相对湿度均保持在理想的 80%~95%，确保了试验所需的湿度。

（4）2020 年扦插后温棚土壤温度变化。由图 4-15 可知，温棚内和温棚外土壤温度区别不大。随着月份的增加，土壤温度变化整体呈先增高后降低再增高再降低的趋势。其中温棚内和温棚外的土壤温度都在 8 月上旬达最高。

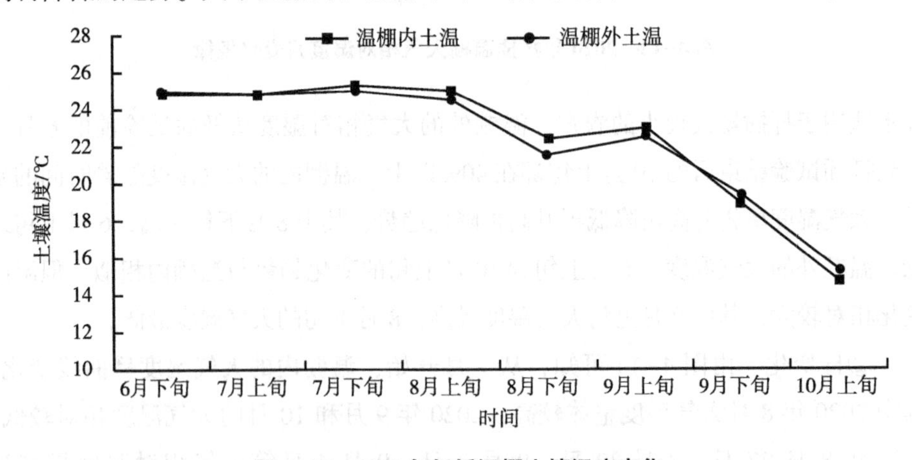

图 4-15　2020 年扦插温棚土壤温度变化

（5）2020年扦插后温棚土壤湿度变化。由图4-16可知，随着月份的增加，温棚内土壤湿度呈先上升后降低再上升再降低的趋势；温棚外土壤湿度呈先上升后降低的趋势，而且土壤湿度变化相对比较大。其中温棚内8月下旬土壤湿度最大，温棚外7月下旬土壤湿度最大。

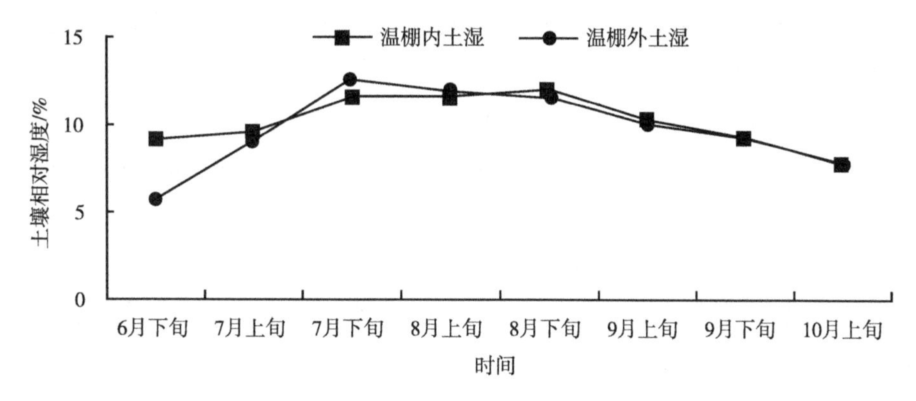

图4-16　2020年扦插温棚土壤湿度变化

（四）不同激素及不同使用浓度对榛子苗成活率的影响

1. 试验方法

嫩枝扦插试验材料采自榛子基地采穗圃，选取生长健壮、无病虫害的插条为供试材料，分别选择20%萘乙酸（NAA）（商品名称：国光生根，四川润尔科技有限公司生产）、3-吲哚丁酸（IBA）（上海广诺化学科技有限公司）、吲丁·萘乙酸（商品名国光根盼，总有效成分5%，四川润尔科技有限公司生产）、α-萘乙酸（原产日本，中文别名1-萘基乙酸，上海伊卡生物技术有限公司）、2号ABT生根粉（北京艾比蒂生物科技有限公司，吲乙·萘乙酸，总有效成分50%，萘乙酸20%，吲哚乙酸30%）共5个处理开展不同激素及不同使用浓度对榛子扦插苗成活率的影响。按照试剂推荐浓度，分高、中、低3种使用量，以清水为对照，对比分析不同试剂、不同使用浓度对榛子嫩枝扦插育苗生根率、存苗率及生长情况的影响。筛选出适宜试剂种类，明确使用浓度，可为规模化技术示范推广提供技术支撑。激素种类及浓度如下。

（1）20% NAA。5‰（水950mL+50mL无水乙醇+5g 20% NAA）、2.5‰（水1 950mL+50mL无水乙醇+5g 20% NAA）、1.67‰（水2 950mL+50mL无水乙醇+5g 20% NAA）3种浓度。

（2）IBA。分别选择2‰（水450mL+50mL无水乙醇+1g IBA）、1‰（水950mL+50mL无水乙醇+1g IBA）、0.67‰（水1 450mL+50mL无水乙醇+1g IBA）3种浓度。

（3）吲丁·萘乙酸（商品名为国光根盼）。分别选择6.67‰（水1 500mL+10g国光根盼）、3.33‰（水3 000mL+10g国光根盼）、2.22‰（水4 500mL+10g国光根盼）3种浓度。

（4）α-萘乙酸。2‰（水950mL+50mL无水乙醇+2g α-萘乙酸）、1‰（水1 950mL+50mL无水乙醇+2g α-萘乙酸）、0.667‰（水2 950mL+50mL无水乙醇+2g α-萘乙酸）3种浓度。

（5）2号ABT生根粉。2‰（水450mL+50mL无水乙醇+1g ABT）、1‰（水950mL+50mL无水乙醇+1g ABT）、0.667‰（水1 450mL+50mL无水乙醇+1g ABT）3种浓度。

（6）清水对照。

2. 结果分析

（1）不同激素种类对榛子苗成活率的影响。由图4-17、图4-18、图4-19

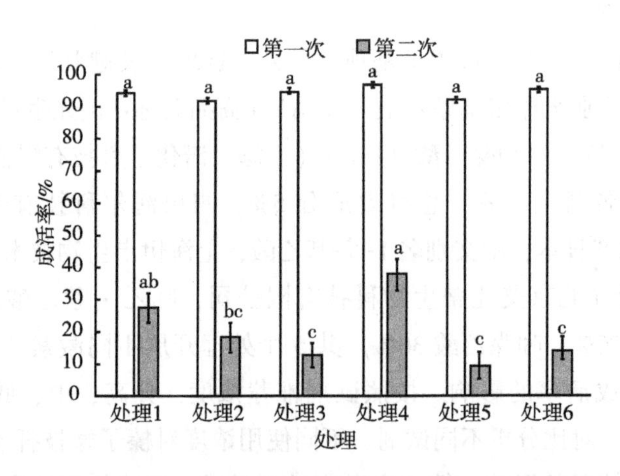

图4-17 高浓度水平不同激素对榛子苗成活率的影响

注：不同小写字母代表不同激素差异显著（$P<0.05$）。处理1为20%萘乙酸处理；处理2为3-吲哚丁酸；处理3为吲丁·萘乙酸（国光根盼）；处理4为α-萘乙酸；处理5为2号ABT生根粉；处理6为清水对照，下同。上述处理均将修剪好的插穗根部浸水10s。每个榛子插穗保留2片半叶片，插穗长度8～10cm。7月8日（扦插后13d）第一次生长调查，8月2日（扦插后26d）第二次调查。

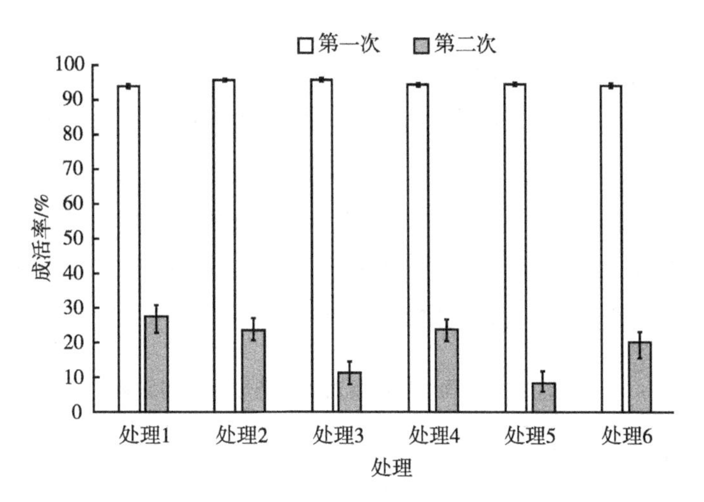

图 4-18　中浓度水平不同激素对榛子苗成活率的影响

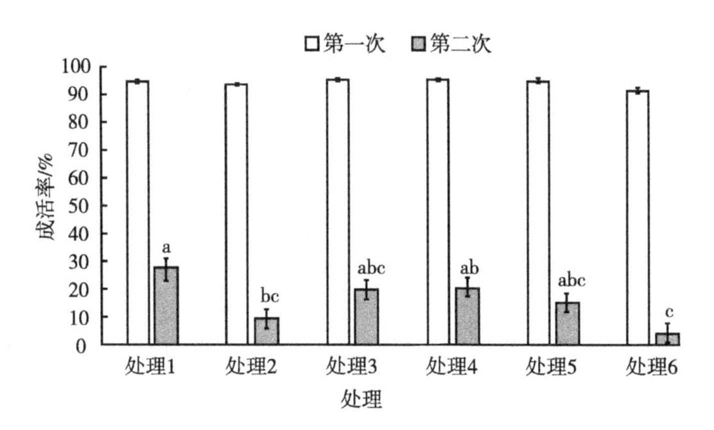

图 4-19　低浓度水平不同激素对榛子苗成活率的影响

可知同一浓度不同激素种类第一次调查的榛子苗成活率远远高于第二次调查的成活率。高浓度水平上，不同激素种类第一次的榛子苗成活率都在 90%以上，处理间差异不显著。第二次调查发现 α-萘乙酸处理的榛子苗成活率高于其余处理，达到 30%以上，且差异显著（$P<0.05$）。中浓度水平上，不同激素种类的榛子苗成活率第一次与第二次调查的差异性不显著。在低浓度水平上，榛子苗成活率第一次调查发现不同激素种类间差异不显著；第二次调查发现相较对照，

其余处理榛子苗成活率较高。处理 1 的榛子苗成活率最高，与处理 2、处理 6 的差异显著（$P<0.05$）。

（2）不同激素浓度对榛子苗成活率的影响。

①2019 年试验结果。由表 4-17 可知，同一激素种类不同浓度第一次榛子苗的存活率显著高于第二次。除 2 号 ABT 生根粉处理外，其余四种激素不同浓度下的榛子苗存活率在第一次与第二次调查中不存在显著差异。第一次调查发现 2 号 ABT 生根粉处理的榛子苗在不同浓度下差异不显著；第二次调查时中浓度处理的榛子成活率最高，与高浓度之间存在显著差异（$P<0.05$）。

表 4-17　不同浓度激素对榛子苗成活率的影响

处理	次数	低	中	高
20%萘乙酸	1（扦插后 13d）	91.90±3.10a	95.65±3.06a	93.35±2.01a
	2（扦插后 26d）	18.29±5.63a	23.92±10.47a	9.28±2.19a
	平均	55.10±5.63a	59.79±10.47a	51.32±2.19a
3-吲哚丁酸	1（扦插后 13d）	94.66±1.35a	95.84±0.57a	94.56±1.86a
	2（扦插后 26d）	12.82±2.69a	11.58±1.89a	19.63±6.85a
	平均	53.74±2.69a	53.71±1.89a	57.10±6.85a
吲丁·萘乙酸（国光根盼）	1（扦插后 13d）	96.66±0.83a	94.44±1.10a	94.89±1.29a
	2（扦插后 26d）	38.06±4.87a	23.68±14.35a	20.54±4.26a
	平均	67.36±4.87a	59.06±14.35a	57.72±4.26a
α-萘乙酸	1（扦插后 13d）	91.84±2.56a	94.65±0.87a	94.59±2.96a
	2（扦插后 26d）	9.08±4.17a	8.95±1.48a	15.14±7.22a
	平均	47.20±4.17a	51.80±1.48a	54.87±7.22a
2 号 ABT 生根粉	1（扦插后 13d）	95.13±2.12a	94.19±3.26a	90.84±3.88a
	2（扦插后 26d）	13.82±1.34ab	20.28±4.83a	4.36±0.72b
	平均	54.48±2.12a	57.24±4.83a	47.60±3.88a
清水对照	1（扦插后 13d）		92.21±3.10a	
	2（扦插后 26d）		14.50±5.63a	
	平均		53.36±5.63a	

注：不同小写字母代表不同激素差异显著（$P<0.05$）。20%萘乙酸的浓度分别为 5‰、2.5‰、1.67‰；3-吲哚丁酸的浓度分别为 2‰、1‰、0.67‰；吲丁·萘乙酸的浓度分别为 6.67‰、3.33‰、2.22‰；α-萘乙酸的浓度分别为 2‰、1‰、0.667‰；2 号 ABT 生根粉浓度分别为 2‰、1‰、0.667‰。

②2020 年试验结果。由表 4-18 可知，第一次调查的榛子苗扦插存活率均远远高于第二次。两次调查的存活率都在 77%以上。由此可见，在苗床上用小型弓棚直接覆盖棚膜，然后在小型弓形棚膜外的 2.5m 大型棚架上覆盖一层黑色遮阳网，选用 20% NAA 5‰浓度，插条基部浸蘸激素 5s，浸蘸时插条叶片上不能蘸激素，并严格控制浸蘸时间。扦插后 15d 内每天早、中、晚各用小型人工喷雾器喷雾一次，15d 后，每天早、晚各喷雾一次，然后压严保湿的扦插育苗方式的技术是可行的。

表 4-18　2020 年榛子扦插育苗成活率调查

调查时间：2020 年 7 月 16 日（扦插后 31d）					调查时间：2020 年 8 月 14 日（扦插后 60d）				
试验重复	总数/株	死亡/株	成活/株	成活率（生根）/%	试验重复	总数/株	死亡/株	成活/株	成活率（生根）/%
1	53	3	50	94.34	1	62	12	49	79.03
2	61	0	61	100.00	2	56	10	46	82.14
3	45	0	45	100.00	3	58	10	42	72.41
平均	53.00	1.00	52.00	98.11	平均	58.67	10.67	45.67	77.84

注：2020 年 6 月 16 日扦插。

（五）不同基质对榛子苗成活率的影响

1. 试验处理

以河沙、蛭石、珍珠岩、椰糠、锯末共 5 种基质，试验了 8 种配比方式的基质处理，在消毒、灭菌等保障条件下，开展不同基质处理对榛子嫩枝扦插育苗生根的影响，以沙土为对照，使用统一浓度的激素浸口处理，对比筛选不同基质处理对榛子嫩枝扦插育苗的影响，研究确定适宜的嫩枝扦插育苗栽培基质。具体为：

（1）珍珠岩：河沙=1：2。

（2）珍珠岩：蛭石=2：1。

（3）珍珠岩：河沙：蛭石=1：1：1。

（4）椰糠。

（5）锯末。

（6）珍珠岩。

（7）蛭石。

（8）河沙（对照）。

2. 试验结果

（1）不同基质对榛子苗成活率的影响。由图 4-20 可知，第一次调查的榛子苗在各基质中成活率高于第二次。第一次调查发现珍珠岩处理的榛子苗成活率高于其余 7 种基质，珍珠岩：河沙的基质成活率最低，且差异显著。第二次调查时珍珠岩：河沙：蛭石的成活率最高，珍珠岩：蛭石成活率最低，两者之间存在显著差异（$P<0.05$）。

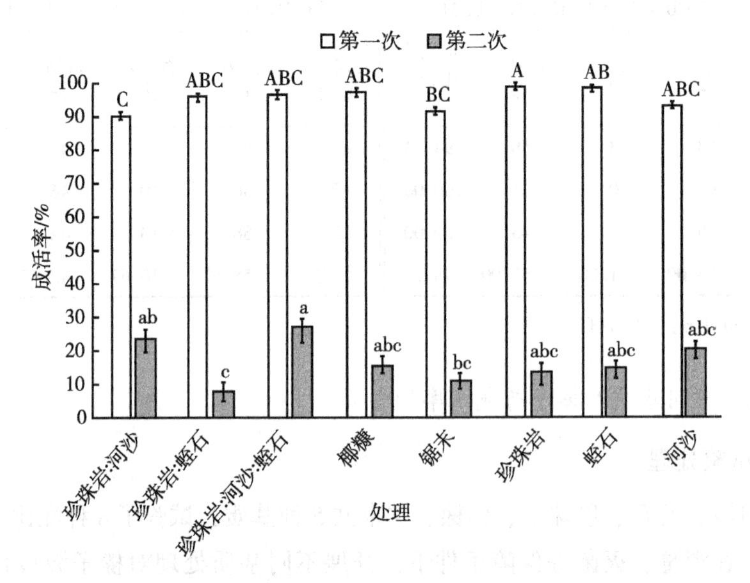

图 4-20　不同基质对榛子苗成活率的影响

注：不同大小写字母表示不同处理之间差异显著（$P<0.05$）。

（2）不同基质土温变化规律。各基质的温度随时间延长呈先上升后下降的趋势，7 月下旬各基质土温最高。6 月下旬与 7 月上旬锯末土温高于其他基质，7 月中旬、8 月上旬、8 月中旬珍珠岩土温高于其余基质，7 月下旬沙土的土温低于蛭石、珍珠岩、椰糠、锯末土温。在 8 月下旬珍珠岩、沙土土温高于其他 3 种处理（图 4-21）。

（3）不同基质土湿变化规律。除了沙土基质外，其余 4 种基质土湿随时间延长呈先上升后下降趋势，沙土基质土湿无明显变化趋势。6 月下旬到 7 月中

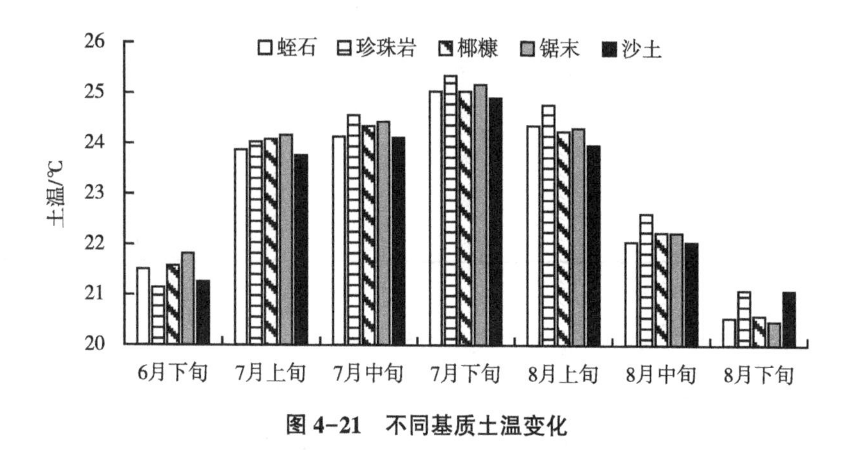

图 4-21　不同基质土温变化

旬，8 月中下旬蛭石基质土湿高于珍珠岩、椰糠、锯末、沙土基质。7 月下旬时锯末土湿高于其他基质（图 4-22）。

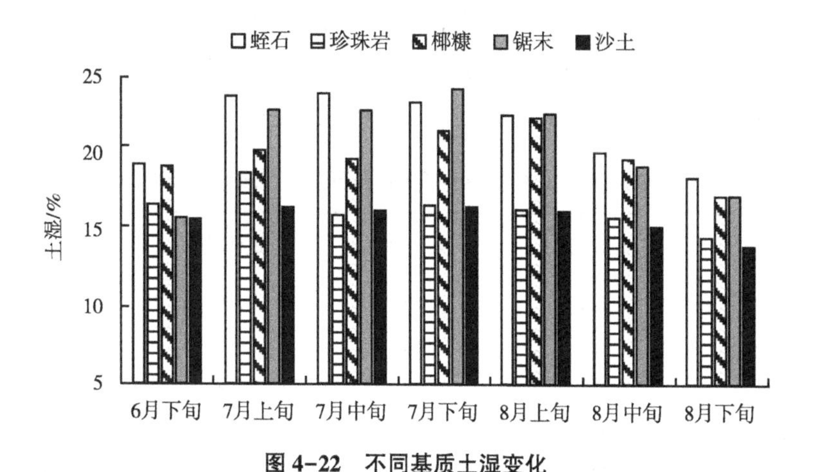

图 4-22　不同基质土湿变化

（4）不同基质成本比较。按照不同基质市场采购价来看，蛭石最贵，河沙最便宜，椰糠与珍珠岩价格接近。总体表现为蛭石>珍珠岩>椰糠>锯末>河沙。试验可知，上述几种供试基质均可用于榛子扦插育苗。但是，从基质材料价格、原料来源获取难易程度、实用效果等方面综合比较来看，建议选择河沙为苗床表层基质为佳（表 4-19）。

表 4-19　不同基质市场价格核算

基质名称	单位	单价/元
蛭石	袋	85
椰糠	袋	25
珍珠岩	袋	30
锯末	袋	5
河沙	吨	150

（六）不同叶片大小对榛子苗成活率的影响

不同叶片处理对榛子苗成活率的影响试验分别采用粗度为 5mm 以上的 1 年生枝条保留 2 片全叶、剪半叶、剪 3/4 叶，以及粗度为 5mm 以上的 2 年生枝条保留 2 片全叶、剪半叶、剪 3/4 叶共 6 个处理。供试品种为‘辽榛 3 号’，纯河沙床扦插，选用 3. 33‰（水 3 000mL+10g 国光根盼）激素蘸水 10s，扦插深度 2～3cm。其他试验处理及苗床管理同前。

由表 4-20 可知，不同叶片的榛子苗的成活率都高于 90%，平均成活率为 95. 32%。1/4 叶的成活率最高，为 97. 62%，半叶的成活率最低为 90. 44%。其中成活率由大到小为：1/4 叶>多年枝半叶>全叶>半叶，但相互之间差异不大。

表 4-20　2019 年榛子扦插育苗不同叶片成活率调查

叶片种类	总数/株	死亡/株	成活/株	成活率（生根）/%
半叶	586	56	530	90. 44
全叶	420	18	402	95. 71
1/4 叶	336	8	328	97. 62
多年枝半叶	363	9	354	97. 52
平均	426	23	404	95. 32

注：调查时间为 2019 年 7 月 18 日。

（七）不同品种对榛子苗成活率的影响

由表 4-21 可知，‘达维’‘辽榛 7 号’‘辽榛 3 号’榛子苗成活率第一次数值远高于第二次。第一次调查辽榛 3 号榛子苗成活率较高，但 3 个品种间的差异不显著。第二次研究发现，‘达维’品种的成活率最高，‘辽榛 3 号’的成活率最低，各品种间存在显著差异（$P<0.05$）。由此可见，3种供试品种以‘达维’扦插成活率最高，推荐使用。

表4-21　不同品种对榛子苗成活率的影响　　单位：%

品种	第一次调查	第二次调查
达维	92.50±0.50a	26.00±1.00a
辽榛7号	95.00±3.00a	9.00±7.00ab
辽榛3号	97.50±0.50a	5.50±0.50b

注：不同小写字母表明处理间差异显著（$P<0.05$）。

三、试验讨论

2年的榛子扦插试验表明，温棚内温度与湿度是影响榛子扦插成败的关键。在适宜种类的栽培基质、激素浓度、浸蘸时间处理，以及配套的病害防控、遮阳与喷水处理协同保障条件下，才能有效掌握适宜榛子扦插育苗的棚内温度和湿度。研究表明，榛子扦插技术理论上是可行的，实践中也得到了充分的验证。但实际操作中，技术掌控难度很大，需要很大的劳务投入和精准及时的管理才能保障工作的顺利开展。因此，与压条育苗相比，榛子扦插育苗由于技术繁杂，成本较大，风险较高，苗木质量较低，育成的苗木还需1年左右的大田定植炼苗培育方能出圃造林，生产中不提倡使用。

第九节　榛子压条育苗技术研究

一、试验材料与方法

1. 研究区概况

（1）直立压条育苗试验。本研究位于银川市永宁县望洪镇园林村榛子园，地处北纬38°26′~38°38′，东经105°49′~106°22′，属于典型的大陆性气候，年均气温8.7℃，年平均降水量201.4mm，蒸发量1 470.1mm。地处中温带干旱气候区，东临黄河，西靠贺兰山，多大风天，沙尘暴频发。地带性土壤类型以灰钙土、淡灰钙土、灌淤土为主。

（2）斜栽压条繁殖试验。试验地点位于固原市隆德县神林乡，东经 106°12′，北纬 35°61′，海拔高2 200m。年平均气温 5.6℃，为宁夏最低气温，1 月最低，极值为-27.3℃；7 月最高，极值为 32.4℃。年平均日照时数2 303.5h，无霜期 125d，最少 94d。年均降水量 766.0mm，多集中在夏秋两季，尤以 7 月、8 月两个月为降水集中季节。灾害性天气主要有大风、干旱、冰雹、霜冻等。面积 20 亩。

2. 试验材料

（1）直立压条育苗试验。银川市永宁县望洪镇园林村榛子园内 5 年大果榛子。

（2）斜栽压条繁殖试验。试验品种为达维 200 株。苗木均为 1 年生一级苗，苗木高度 0.5～0.7m，基径 0.8～1.5cm，粗度 2.0mm 以上的一级根 5 条以上，苗干高度 30～60cm 处存留饱满芽 5 个以上。

3. 试验方法

（1）直立压条育苗试验。以 4 种不同基质［椰糠、椰糠+土（1∶2）、锯末+土(1∶2)、全土、锯末］为材料，分别研究了黑塑培土和裸培下不同基质对土壤含水量以及萌蘖株高和萌蘖数的影响。分别在下雨前（8 月 2 日）、下雨后(8 月 5 日)、11 月 3 个时期进行不同培土处理进行了土壤含水量监测调查，以不培土为对照进行试验。通过针式速测仪（武汉新普惠产）测定不同时期不同培土方式下的土壤含水量。

（2）斜栽压条繁殖试验。2019 年对斜栽苗进行定植，2020 年春季平茬，2020 年夏季利用 4 种不同的基质进行试验。试验品种为达维 200 株。苗木均为 1 年生一级苗，苗木高度 0.5～0.7m，基径 0.8～1.5cm，粗度 2.0mm 以上的一级苗，根 5 条以上，苗干高度 30～60cm 处存留饱满芽 5 个以上。

（3）斜栽压条繁殖试验定植时间及方法。定植时间为 2019 年 4 月，株行距为 0.5m×1.5m，东西行向，定植穴规格为 40cm×40cm×40cm，表土与底土分开放置在定植穴的东西两侧，每株施用优质腐熟有机肥 5kg、硫酸钾 50g 作底肥，回填表土至穴深 20cm 处，把表土同底肥充分拌匀，再回填表土至穴深 10cm 处，苗木采用斜干定植方式，定干高度为 60cm，统一向东倾斜，苗木同地面成 30°夹角。定植后浇透水，待水完全渗入土中后在苗木根部培 20cm 高的土堆。

（4）斜栽压条繁殖试验定植当年管理措施。定植当年4月下旬、5月中旬、6月上旬各浇水1次，浇水前扒开苗木根部的土堆，浇水后培好土堆。6月中旬喷农药1次，农药种类和浓度为：10%吡虫啉可湿性粉剂0.05%药液+乐斯本0.1%药液+20%三唑酮乳油0.125%药液，采用背负式喷雾器淋洗式喷药，喷药时间选在日落后的傍晚进行，喷药做到细致均匀。6月下旬撤除土堆，7月上旬把苗干压成水平，顶端用铁丝插入土中固定住。

（5）斜栽压条繁殖试验定植翌年管理措施。3月下旬对苗干上的所有1年生枝条进行平茬处理，平茬高度为3cm，保留基部2~3个芽。4月上中旬准备压条基质，压条基质采用（河沙、稻壳、锯末、土），每亩用量为60m^3，4月底之前均匀堆放在每行的行间。6月上旬喷农药1次，农药种类、浓度与上年度相同。6月13日开始进行压条前的准备工作，剪除萌蘖基部到30cm高度的全部叶片，6月23日开始进行压条处理，在萌蘖基部3cm处采用22号细铁线进行绑缚横缢处理（绑笼钳试验），随后采用手压式喷雾器对萌蘖横缢上部高度10cm处，细致喷洒0.1%吲哚丁酸和0.1%萘乙酸混合药液，然后分别把事先堆在行间的不同基质（河沙、木屑、稻壳、土）培到不同试验萌蘖苗的基部，高度为15~20cm。以上全部工序完成后采用行间漫灌的方式灌透水1次，确保河沙等基质完全湿润。之后不再浇水，因为从6月下旬到秋季落叶期间隆德地区的自然降水完全能够满足榛子苗木生根与生长的需求。秋季适宜的起苗时间为10月下旬到11月中旬，起苗时先用工具撤除苗木基部的河沙等基质，手握苗木基部用力晃动，使苗木在横缢处折断同母株分离。起苗后把河沙回填到母株的基部，高度为10cm，防止母株越冬抽干。

二、结果分析

（一）直立压条育苗试验

1. 不同培土方式对土壤水分的影响

由图4-23可知，不同时期的不同培土方式土壤水分存在差异。随着时间延长，无培与黑塑培的土壤水分呈降低趋势，裸培的土壤水分变化不大。在8月2日下雨前裸培土壤水分低于其余2种培土方式，且差异显著（$P<0.05$）。在8月

5 日下雨后黑塑培土方式土壤水分最高，但 3 种培土方式之间差异不显著。11 月黑塑培土土壤水分含量最高，与其余 2 种培土方式存在差异。综上所述，黑塑培土方式保水性较好。

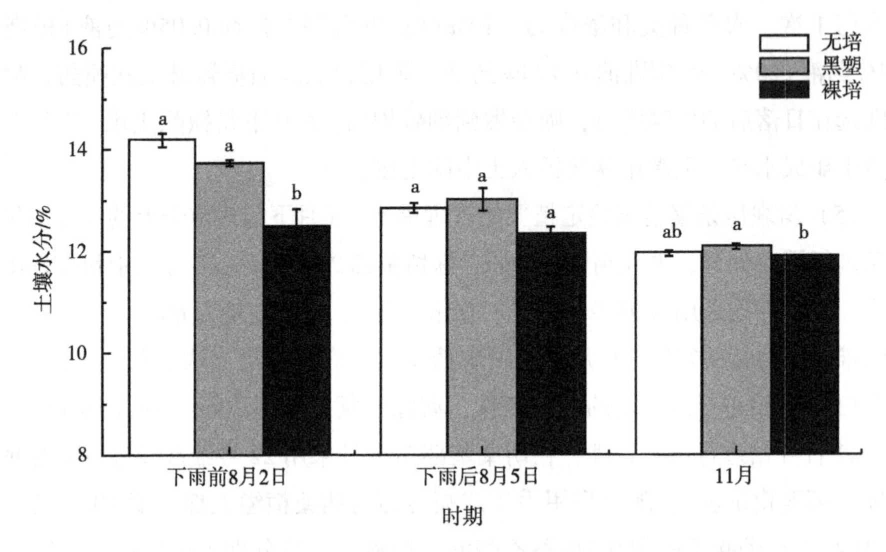

图 4-23　不同培土方式下土壤水分差异

注：不同小写字母表示同一时期不同培土方式之间存在差异（$P<0.05$）。

2. 黑塑培土方式下不同基质对土壤水分的影响

由图 4-24 可知，随着时间延长，除了锯末外，其余 4 种基质土壤水分呈降低趋势，锯末土壤水分先增加后减少。8 月 2 日下雨前与 8 月 5 日下雨后椰糠土壤水分最高，锯末土壤水分最低；8 月 2 日下雨前椰糠与其他基质存在差异（$P<0.05$），8 月 5 日下雨后各基质土壤水分间差异不显著。基质土壤水分由高到低为椰糠>椰糠+土（1∶2）>锯末+土（1∶2）>全土>锯末。11 月椰糠+土（1∶2）的土壤水分最高，锯末土壤水分最低，其余 3 种基质土壤水分差异不显著。

3. 裸培方式下不同基质对土壤水分的影响

由图 4-25 可知，不同基质土壤水分差异显著（$P<0.05$）。随着时间延长，各基质的变化趋势不同。8 月 2 日下雨前到 11 月，进口椰糠的土壤水分高于其余基质，并与其他基质间存在显著差异（$P<0.05$）。8 月 5 日下雨后进口椰糠与国产椰糠+土的土壤水分与其他基质间存在差异。11 月进口椰糠土壤水分最高，

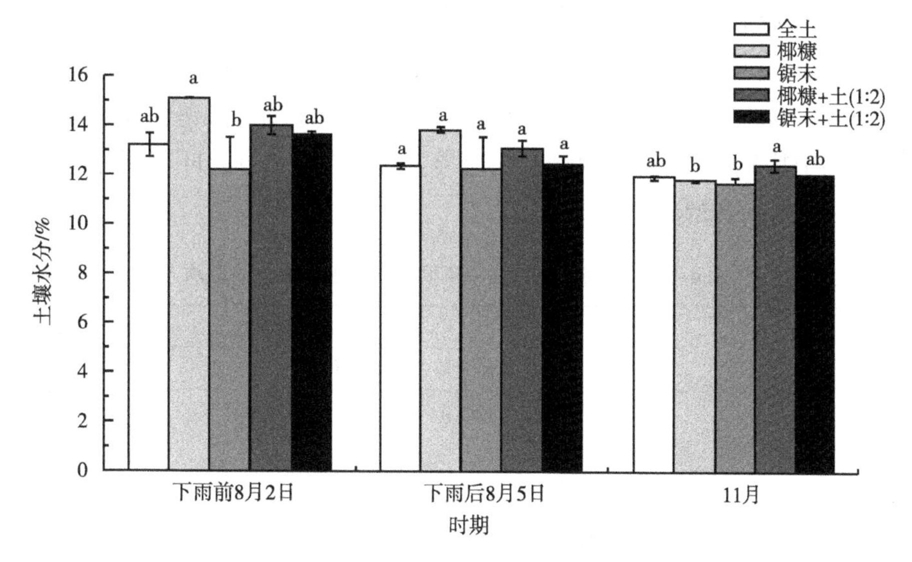

图 4-24　黑塑培土方式下不同基质对土壤水分的影响

但与其余基质的土壤水分差异不显著。综合来看，在裸培情况下，进口椰糠的保水性较好。

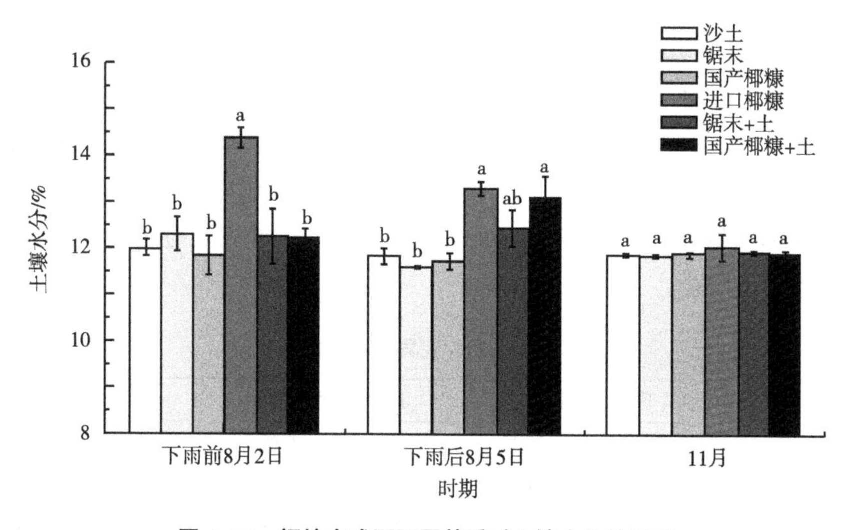

图 4-25　裸培方式下不同基质对土壤水分的影响

4. 不同培土方式下不同基质对土壤水分的影响双因素方差分析

由表4-22可知，8月2日下雨前黑塑与裸培的进口椰糠土壤水分含量高于其他处理，各处理间差异显著（$P<0.05$）；8月5日下雨后黑塑进口椰糠的土壤水分也高于其余处理，并与裸培锯末差异显著（$P<0.05$）；11月黑塑椰糠+土（1∶2）土壤水分最高。

表4-22　不同培土方式下不同基质对土壤水分的影响

培土方式	基质	时期		
		下雨前8月2日	下雨后8月5日	11月
黑塑	锯末	12.23b	12.32ab	11.73b
	进口椰糠	15.18a	13.90a	11.88ab
	锯末+土（1∶2）	13.80ab	12.92ab	12.32ab
	椰糠+土（1∶2）	14.07ab	13.12ab	12.47a
裸培	锯末	12.28b	11.60b	11.85ab
	进口椰糠	14.33a	13.28ab	12.03ab
	锯末+土（1∶2）	12.25b	12.43ab	11.92ab
	椰糠+土（1∶2）	12.22b	13.07ab	11.90ab

注：同列不同小写字母表示不同培土方式下不同基质间存在差异（$P<0.05$）。

由表4-23可知，8月2日下雨前与8月5日下雨后，培土方式与基质对土壤水分有显著影响，11月培土方式对土壤水分影响显著。8月2日下雨前，不同培土方式的$P<0.05$，不同基质的$P<0.01$，差异显著；而培土×基质的$P>0.05$，差异不显著。8月5日下雨后不同培土方式与不同基质的$P<0.05$，差异显著；11月不同培土方式$P<0.05$，差异显著，不同基质与培土×基质的$P>0.05$，差异不显著。

表4-23　变异来源分析

变异来源	下雨前8月2日		下雨后8月5日		11月	
	F值	P值	F值	P值	F值	P值
不同培土方式	7.073	0.017 1	10.092	0.050 2	3.790	0.040 6
不同基质	7.086	0.003 0	22.128	0.015 1	1.839	0.180 7
培土×基质	1.150	0.359 1	0.138	0.936 0	1.995	0.155 4

5. 黑塑培土方式下不同基质对萌蘖株高的影响

由图 4–26 可知，各基质下萌蘖株高的最大值、最小值与中等值存在差异。全土萌蘖株高的最大值与中等值高于其他基质，椰糠基质萌蘖株高的最大值低于其余基质；椰糠+土（1：2）的萌蘖株高最小值高于其他基质。

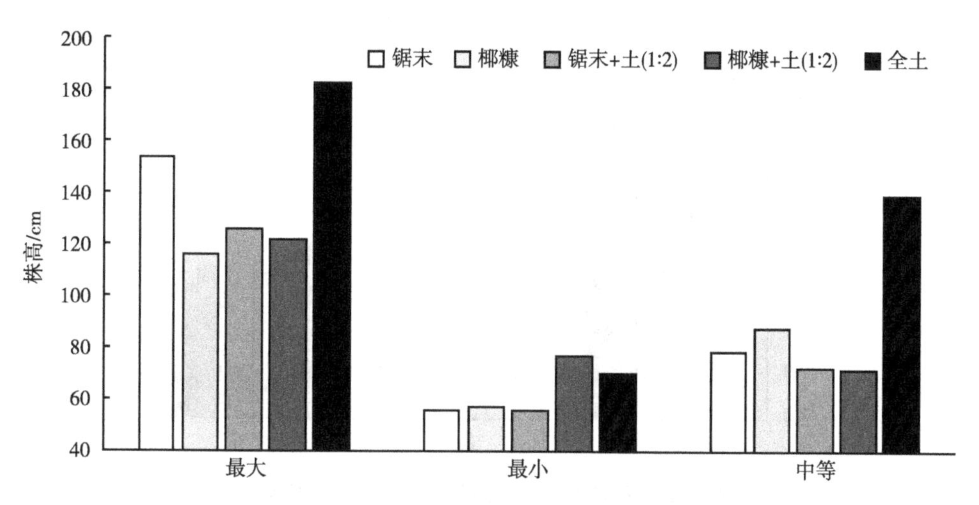

图 4–26　黑塑培土方式下不同基质对萌蘖株高的影响

6. 黑塑培土方式下不同基质对萌蘖数的影响

由图 4–27 可知，全土的萌蘖数最高，锯末加土的数值最低，萌蘖数由高到低依次为全土>锯末>椰糠>椰糠+土（1：2）>锯末+土（1：2）。

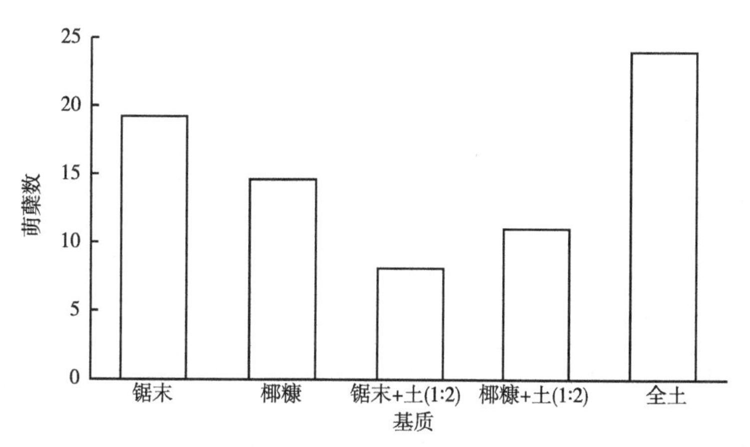

图 4–27　黑塑培土方式下不同基质对萌蘖数的影响

7. 裸培方式下不同基质对萌蘖株高的影响

由图 4-28 可知，各基质萌蘖株高存在差异；进口椰糠萌蘖株高的最大值、最小值与中等值均高于其余基质。沙土基质萌蘖株高的最大值、最小值与中等值均低于其余基质。

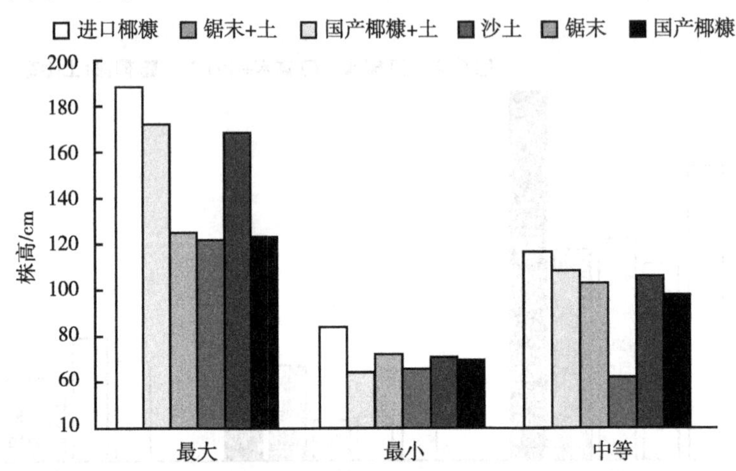

图 4-28　裸培方式下不同基质对萌蘖株高的影响

8. 裸培方式下不同基质对萌蘖数的影响

由图 4-29 可知，进口椰糠的萌蘖数最高，国产椰糠+土的萌蘖数最低；萌蘖数由高到低为进口椰糠>锯末+土>锯末>国产椰糠>沙土>国产椰糠+土。

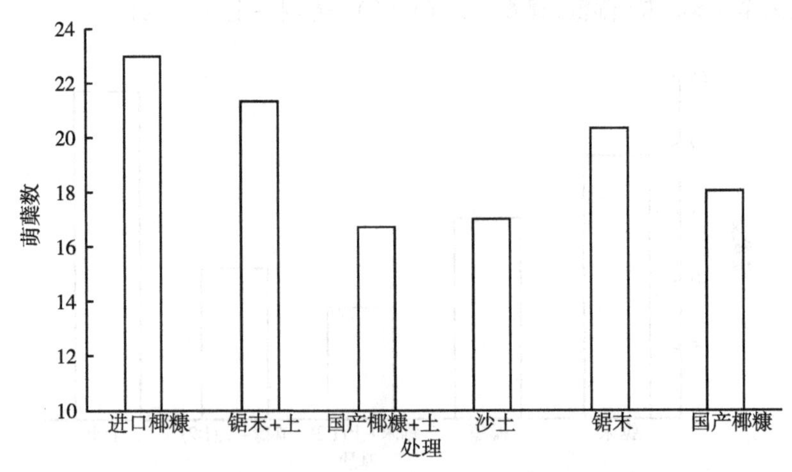

图 4-29　裸培方式下不同基质对萌蘖数的影响

（二）斜栽压条育苗试验

大果榛子斜栽育苗试验结果表明（表4-24），稻壳作为大果榛子斜栽育苗基质最好，但生根率仅为53%，其次为河沙，二者相差不大，生产中建议使用河沙作为压条育苗保水基质。宁夏隆德县2019年开始引种榛子，本试验所选榛子母树为2年生，未达到榛子育苗母树需生长3年的要求，所育苗木不能达到育苗要求。另外，试验区宁夏固原市隆德地区属阴湿冷凉地区，全年温度均较低，育苗时生长量不足，横溢以后气温和积温均较低，也可能影响到了苗木生根。因此，相关试验尚需进一步补充和完善。

表4-24 大果榛子斜栽压条育苗试验

序号	时间	基质	试验组编号	组数	株数/株	生根率/%
1	6月23日	河沙	2~8	7	30	50
2	6月23日	锯末	2~7	6	30	33
3	6月23日	稻壳	8~11	4	15	53
4	6月23日	原土	6~14	9	30	40
5	6月24日	河沙+土	1	1	4	
6	6月24日	锯末+土	1	1	5	

三、主要结论

与斜栽压条相比，直立压条操作更简单方便，以带状直立压条为好。以当年基生枝高度达50~70cm，半木质化的6月中下旬进行。压条前，剪除不符合压条高度、木质化程度低的弱小、畸形及病虫萌条，摘除当年基生枝下部距地面20~25cm高的叶片，用22~24号铁丝或0.7mm粗漆包线把待培育的根蘖枝在距离地面2cm左右环绑勒缢，深度要达到木质部，勒痕要直，不要伤及勒痕以外的表皮，松紧以不能晃动为准，勒后在伤口及以上10cm部分用毛刷均匀将生根液涂抹或喷雾。用1 000倍吲哚-3-丁酸、吲哚丁酸钠或ABT1号生根剂，可用50~100mL酒精替代水先浸润药剂后再与水混合。生根剂要现配现用，不能长时间放置。

从经济适用、原料获取难易等方面考虑，用沙土或原地轻壤土做压条用栽培基质最好。实际操作中，采用机械翻耕起垄覆土压条，覆土厚度 20cm 左右，并保证苗木扶正周边均压实。平整顶部，保证苗木边缘土层厚度和土壤湿度，保障苗木足量生根。压条后浇透水，并用滴灌等长期保持土壤湿度，促使其愈伤生根。同时，要及时清除苗木根蘖苗及周边杂草，清除母树果序。

第五章　宁夏产大果榛子主要特征及营养价值研究

第一节　宁夏产大果榛子主要营养价值对比分析

近年来，随着人们生活水平的日益改善和提高，深入开拓各类优势油脂植物资源逐渐成为农林业研究热点之一，而挖掘木本油料的生产和资源潜力，是提高我国食用植物油自给率的有效手段，在一定程度上改变了我国油料油脂供给不足的现状。木本油料植物资源除了具有来源丰富、品质天然、资源可再生等特点外，也是人们日常生活必备的消费品。目前，木本油料植物的开发利用已成为世界各国解决食用油缺口的重要渠道和方向。欧洲部分国家基本实现了食用油木本化。2014 年国务院办公厅印发了《国务院办公厅关于加快木本油料产业发展的意见》，部署加快木本油料产业发展，切实维护国家粮油安全，提出到 2020 年建成 800 个油茶、核桃等木本油料重点县（王伟等，2018）。

目前，市场上一些具有特色营养价值的食用植物油，如核桃油、葡萄籽油、杏仁油等因市场份额小，一般被统称为特色食用植物油（薛莉，2018）。部分特色食用植物油因原料较少，价格昂贵，市场供应量小，因此又被称为特种食用植物油或高端食用植物油（陈黔，2006）。特色食用植物油作为普通植物油的一种延伸和创新，可有效缓解我国食用植物油自给率不足的现状，同时也可填补国民大宗油料作物所不具备的营养价值，满足消费者对营养健康食用植物油市场化多样性的需求（黄凤洪等，2003；张飞等，2010），也是发展高级食用调和油不可替代的天然原料。其中以核桃、油茶、橄榄、文冠果、大果榛子等木本油料资源开发与利用研究尤为火热。以核桃为例，2015 年全国核桃种植面积 600 万 hm^2、产量 330 万 t，与 2011 年的 458. 8 万 hm^2、产量 165. 6 万 t 相比，4 年内种植面积增长了 31%，产量增长了 99. 3%（王伟等，2018）。油茶籽产量也逐年快速增长，2016年全国产量约240万t，同比增长11%（薛莉，2018）。大果榛子全国种植面积也由2013年的2万hm^2增加到了2019年的8万hm^2，6年间栽培面积增加了4倍，成为中国近些年来新的、非常具有开发潜力的特色经济林种之一（王贵禧，2019；梁维坚等，2019）。

自1999年，辽宁省经济林研究所培育出木本油料植物平欧杂种榛系列新品种以来，2006年各地开始大面积种植平欧大果榛子（梁维坚，2015）。大果榛子营养物质极其丰富，果实的种仁中除含有大量蛋白质、脂肪外，P、Ca、Mg、K等矿物质元素的含量也很丰富（李秀霞等，1999；张斌，2006）。其中P、Ca是构成骨骼、牙齿的主要成分，有利于老年人补钙，增强体魄，防止衰老（梁维坚，2015）；也有研究表明榛子中P、Ca和Fe，对增强体质、抵抗疲劳等非常有益（珍珍，2005；宁艳超等，2006）。榛子中富含的Ca、Mg和K等微量元素，长期食用有助于调整血压，对视力也有一定的保健作用（张罡，2017）。由此可见，大果榛子具有很好的营养价值和保健功能，但由于相同品种在不同地区栽培，其果品品质、营养价值均会有不同程度的差异，因此探索研究大果榛子主要品种在宁夏地区栽培表现，是开展新品种研究与示范推广的前提和基础。

一、研究目的和方法

1. 研究目的

通过测试分析宁夏产大果榛子果实主要性状、主要营养成分及含量，同时对比分析了大果榛子和国内主要木本油料植物营养价值，旨在为评价宁夏产现有适宜榛子品种主要品质提供检测依据，为科学评价宁夏榛子营养成分及品质，指导发展宁夏榛子产业提供技术支撑。

2. 供试材料

本研究选用宁夏永宁县望洪镇园林村永宁县春之秋农林专业合作社生产的‘达维’（育种代号84-254）、‘玉坠’（育种代号84-310）、‘辽榛3号’（育种代号84-226）、‘辽榛7号’（育种代号82-11）共4个大果榛子品种为供试材料，均于2012年自沈阳市梁氏榛子种植园、大果榛子主要品种培育者梁维坚教授处引进。

3. 主要研究方法

（1）外形尺寸。分别利用宁夏产4个品种大果榛子，每个品种随机选择90

个，分3组，每组30个，利用游标卡尺对大果榛子果壳长、果壳厚、果壳重，果仁长、果仁重等生长性状进行了测量分析，取其平均值（保留两位小数）。

（2）出仁率。考种时利用带壳果实内种子的重量与果实的总重量比值，作为大果榛子出仁率计算。

（3）果形指数。果实纵径与横径的比值是衡量果实品质、决定果实用途的主要外形参数之一。

（4）百粒重。采取随机选取的2kg原样，采用3次四分法，从剩余的样品中取样，并充分混合后，每个品种随机选择3组100粒带壳果实，测定其百粒重。

（5）品质测试。主要测试指标有淀粉、总糖、蛋白质、脂肪、钾、钙、磷共7项指标。测试依据分别为《食品安全国家标准　食品中淀粉的测定》（GB 5009.9—2016）、《枸杞》（GB/T 18672—2014）、《食品安全国家标准　食品中蛋白质的测定》（GB 5009.5—2016）、《食品安全国家标准　食品中脂肪的测定》（GB 5009.6—2016）、《食品安全国家标准　食品中钾、钠的测定》（GB 5009.91—2017）、《食品安全国家标准　食品中钙的测定》（GB 5009.92—2016）、《食品安全国家标准　食品中磷的测定》（GB 5009.87—2016）。

（6）样品采集与送检。供试样品于当年8月下旬榛子成熟后田间随机采集后送检，送检部门为宁夏智联检测科学技术研究所（有限公司）。

二、测试结果

1. 不同品种大果榛子果实主要性状对比分析

（1）果实及果仁外形特征。由图5-1及图5-2可知，宁夏栽培不同品种大果榛子在果实外形上有比较明显的区别。从果壳外形上看，‘辽榛3号’品种最长，坚果金黄色，果粒个大，外形整齐，很受消费者欢迎，‘达维’最宽，而‘辽榛7号’果壳最厚。由于坚果果壳越厚，越不利于人们带壳食用，因此‘辽榛7号’品种不利于人们带壳食用，但坚果呈红色，整齐度高，外形漂亮美观，商品性较好。‘玉坠’的果壳及果仁尺寸、重量均最小，主要形态特征均最低，该品种坚果小，果壳薄，适合烤食、加工出售。从果仁形态上看，‘达维’的果仁长、宽、厚以及果壳重、果仁重等质量参数均大于其他3个品种，具备果大高产的外形特征，适用于机械脱壳加工，商品性能最好。

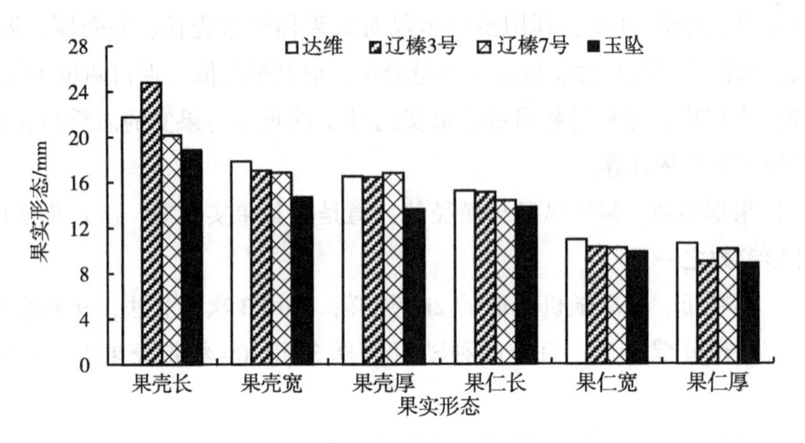

图 5-1　宁夏栽培不同品种大果榛子果实形态比较

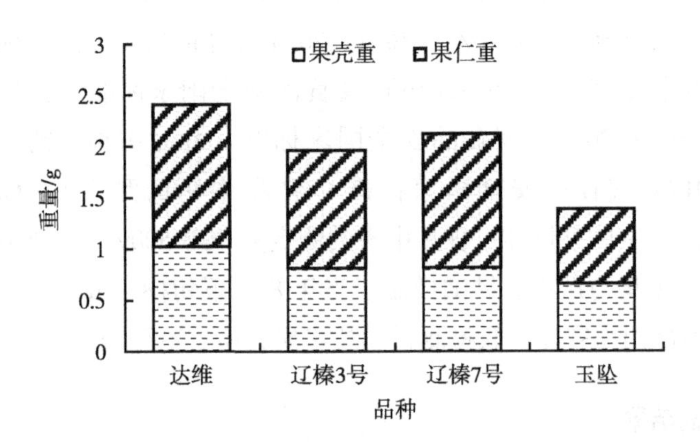

图 5-2　宁夏栽培不同品种大果榛子果壳与果仁重量比较

（2）果形指数。榛树坚果可以带壳销售（鲜食、生食以及烤食），可以脱壳销售榛仁，也可以为榛仁食品加工厂提供原料等。根据不同品种坚果及果仁的外形尺寸，所选择的品种，其用途是该品种特征指标之一，特别是用途较多的坚果类植物。因此研究不同品种果形指数是榛子品种选择与品质评价的主要技术参数。

分别将上述供试品种果实外形尺寸统计后得图 5-3。分析表明，宁夏产四种大果榛子果壳、果仁果形指数分别为 0. 69～0. 83 和 0. 68～0. 71，表现较好。其中，'达维' 果壳果形指数为 0. 81～0. 83，平均值为 0. 82，与孙阳提出的 0. 76～0. 80 数据基本相符，果仁果形指数 0. 69～0. 74，平均 0. 72，也是 4 个供试品种中最大的，说明 '达维' 带壳及果仁果形指数均较高，符合机械加工型品种要

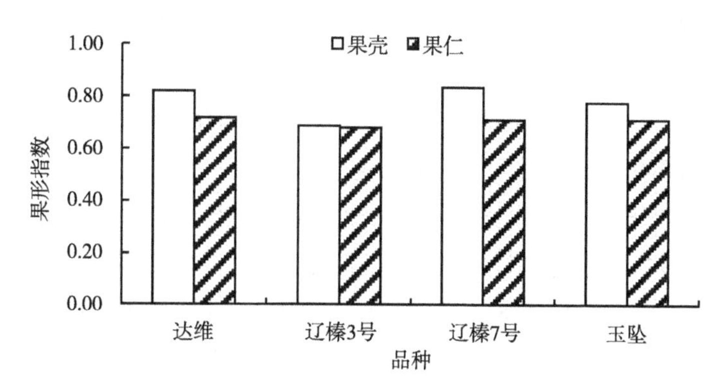

图 5-3　宁夏栽培不同品种大果榛子果壳及果仁果形指数对比

求。'辽榛 3 号'果壳果形指数 0.68~0.70，平均 0.69，果仁果形指数 0.67~0.99，平均 0.68，果仁较长较扁，果壳及果仁果形指数均最小，适合带壳销售，不适于机械加工。'辽榛 7 号'果壳果形指数为 0.82~0.84，平均为 0.83，是 4 个品种带壳果形指数最高的，除适宜带壳销售外，也适宜于机械加工，果仁果形指数 0.68~0.74，平均 0.71。'玉坠'果壳果形指数 0.77~0.79，平均 0.78，果仁果形指数 0.68~0.74，平均 0.71，果皮较薄，果味较香，适于带壳销售。

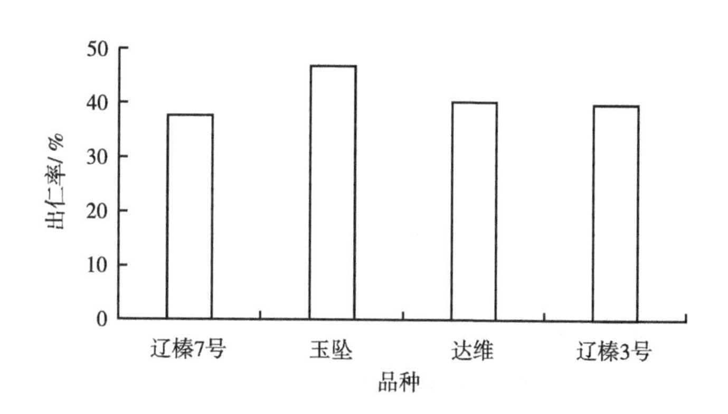

图 5-4　宁夏栽培不同品种大果榛子出仁率比较

（3）果实出仁率。由图 5-4 可知，宁夏产 4 个品种榛子平均出仁率 37.75%~46.96%，整体表现较差。其中，最高的品种为'玉坠'，平均出仁率较'辽榛 7 号''达维''辽榛 3 号'品种分别增加了 9.2%、6.6%、7.1%。而'辽榛 7 号'最低。按照榛子出仁率须≥40%的基本要求，宁夏产 4 个品种的出仁率除‘玉坠’及‘达维’外，‘辽榛3号’‘辽榛7号’均不符合质量要求。其中‘辽榛3号’出仁率39.84%，‘辽榛7号’37.75%，仅是‘玉坠’出仁率的80.39%、‘达维’出仁率的93.65%。因此，需要从田间管理、水肥调控，以及品种适应性等方面进一步深入探索研究。

（4）果实百粒重。从供试的4个品种百粒重来看（表5-1），‘达维’最重为241.50g，其次分别为‘辽榛7号’‘辽榛3号’和‘玉坠’，百粒重分别为218.00g、213.37g和142.58g，分别是‘达维’品种的90.27%、88.35%和59.04%，‘玉坠’与其他3个品种之间百粒重相差很大。

表5-1　宁夏产4个榛子品种百粒重比较

品种	重复	百粒净重/g	平均/g
达维	①	241.41	241.50
	②	241.09	
	③	242.00	
辽榛7号	①	216.94	218.00
	②	218.74	
	③	218.31	
辽榛3号	①	211.01	213.37
	②	214.21	
	③	214.91	
玉坠	①	142.81	142.58
	②	141.65	
	③	143.28	
平均	—	—	203.86

2. 单果鲜重及风干果重

以‘达维’为例，随机选取100个榛子单果重量进行测定（表5-2），最后得出榛子的单果鲜重为3.03g，单果干重为2.05g，以此为依据计算榛子亩产量。

表5-2　榛子单果重量　　单位：g

重量	第一组数据	第二组数据	第三组数据	平均值
鲜重量	3.24	2.92	2.94	3.03
风干重量	2.25	1.93	1.98	2.05

3. 不同品种主要营养成分测试分析结果

（1）4 个品种榛子营养成分比较。主要营养成分是衡量果实品质主要参数之一。由图 5-5 可知，宁夏产大果榛子在测试的 4 个主要成分中，‘玉坠’脂肪含量最高为 65.6%，‘达维’最低为 62.9%。4 个品种的蛋白质含量在 10.9%~14.0%，平均 12.9%，‘辽榛 3 号’最高，‘玉坠’最低。总糖含量为 8.8%~9.8%，平均 9.3%，‘玉坠’最高，‘达维’最低。淀粉在营养成分中含量最低，为 3.73%~5.58%，平均 4.31%，其中‘玉坠’最高，‘达维’最低。

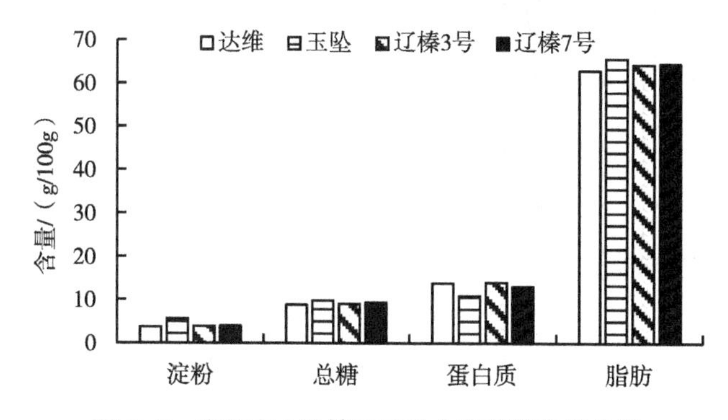

图 5-5　宁夏产 4 种榛子品种主要营养物质含量

据梁维坚等（2015）测试表明，辽宁等省产榛子每 100g 榛仁含脂肪 57.6%~63.8%，蛋白质 18.5%~25.3%。榛仁中含有脂肪 50.6%~63.8%、蛋白质 21%。Pala 等（1996）测定了国外产榛子蛋白质含量为 10%~24%，脂肪含量为 50%~73%。由此可见，宁夏产大果榛子脂肪含量明显较辽宁等其他省（区）高，也与进口大果榛子脂肪含量相当或优于进口。蛋白质含量明显较国产或进口榛子低。李秀霞（1999）测定了黑龙江 13 个榛子种子的淀粉含量，其平均值为 1.346%，含量在 0.950%~2.030%范围。由此可见，宁夏大果榛子淀粉含量较黑龙江产区明显偏高。

（2）4 个品种榛子矿物质元素含量比较。由图 5-6 可知，在测试的几种微量元素中，钾含量最高，为 895~977mg/100g，钙、磷含量接近，分别在 257~317mg/100g、245~305mg/100g。从不同品种来看，钙含量为玉坠>辽榛 7 号>达维>辽榛 3 号；磷含量为辽榛 3 号>辽榛 7 号>达维>玉坠；钾含量为辽榛 3 号>达维>辽榛 7 号>玉坠。据梁维坚等对辽宁等省微量元素测试表明，榛仁含钾 859~1 171mg/100g、含钙 305~350mg/100g、含磷 320~400mg/100g。据此可知，宁夏产大果榛子钾、钙、磷含量均明显高于辽宁等榛子主产区，微量元素含量品质优良。

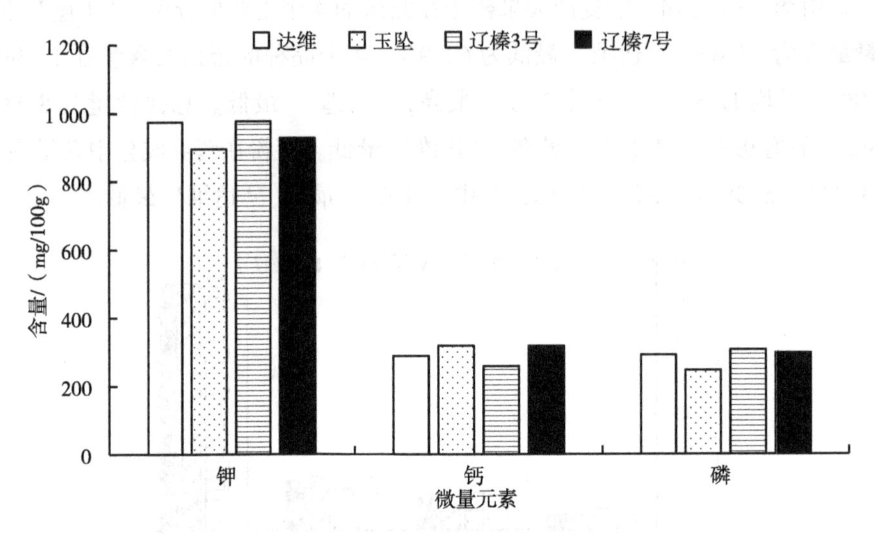

图 5-6　宁夏产 4 种榛子品种主要微量元素含量

（3）大果榛子与常用植物油脂肪酸的含量比较。脂肪酸可分为饱和与不饱和脂肪酸两大类。其中不饱和脂肪酸根据不饱和程度分为单不饱和脂肪酸与多不饱和脂肪酸。单不饱和脂肪酸在分子结构中仅有一个双键；多不饱和脂肪酸在分子结构中含有 2 个或 2 个以上双键。随着营养学科的发展，发现不饱和脂肪酸的含量和种类是脂肪酸营养价值的主要影响因素。为进一步明确常见几类木本植物油脂肪酸的组成、含量及主要功能，以大果榛子油为主要评价对象，对比分析了常见几类木本植物油脂肪酸，特别是不饱和脂肪酸组成及含量等（表 5-3），为榛子科学利用及产业开发提供技术借鉴。

分别将大果榛子油、油茶籽油、橄榄油、棕榈油、大豆油、菜籽油、葵花仁油、玉米油、花生油、长柄扁桃油等常用植物油脂及木本植物油脂进行了检测比较。对比分析表明，棕榈油棕榈酸含量最高，为 42.86%；油茶籽油、杏仁油、橄榄油、长柄扁桃油、大果榛子油油酸含量较高，达 55.6%~82.6%；大豆油、菜籽油、葵花仁油、玉米油、花生油不饱和脂肪酸亚油酸含量偏高，达 36.93%~63.94%；胡麻油不饱和脂肪亚麻酸含量达到 50%左右。因此在制作食用调和油时，上述油脂可分别作为棕榈酸、油酸、亚油酸和亚麻酸油脂的理想混

表 5-3　大果榛子与常用植物油脂肪酸的含量比较（牛艳，2020）

单位：%

脂肪酸名称	大果榛子油	油茶籽油	橄榄油	棕榈油	大豆油	菜籽油	葵花仁油	玉米油	花生油	杏仁油	长柄扁桃油	胡麻油
肉豆蔻酸，十四碳烷酸 C14：0	—	0.04	—	1.01	0.07	0.28	0.06	0.03	0.46	—	—	—
棕榈酸，十六碳烷酸 C16：0	3.6~4.1	8.30	10.06	42.86	11.07	13.58	5.75	11.47	20.60	4.2~4.58	1.2~3.1	5.6
棕榈油酸 C16：1	—	0.12	0.44	0.22	0.08	0.37	—	0.07	—	0.57	≤0.3	—
十七酸 C17：0	—	0.08	0.05	0.10	0.10	0.10	—	0.06	0.09	0.09	≤0.1	—
C17：1	—	0.08	0.09	—	—	0.07	—	0.05	0.05	0.13	≤0.1	—
硬脂酸，十八碳烷酸 C18：0	1.2~2.0	2.22	2.32	4.47	4.54	4.05	5.31	—	4.14	1.2~1.38	0.3~1.1	3.8
油酸 C18：1	74.4~82.6	78.50	77.14	39.41	21.45	27.62	23.30	29.65	32.16	66.26~66.4	55.6~75.9	22.1
亚油酸 C18：2	11.3~18.0	8.58	6.77	9.61	53.26	43.54	63.94	54.13	36.93	25.1~25.95	20.1~41.7	18.1
亚麻酸 C18：3	0.1~0.2	—	—	—	—	—	—	—	—	0.1~0.69	≤0.9	50.4
花生酸 C20：0	—	—	—	—	—	—	—	—	—	0.11	≤0.1	—
花生一烯酸 C20：1	—	—	—	—	—	—	—	—	—	0.25	≤0.4	—

注：部分数据摘选自文献，“—”表示未检出。

配原料。同时，不饱和脂肪酸含量较高的食用油脂，如榛子油、胡麻油、大豆油、菜籽油、葵花仁油、玉米油、花生油等，由于其具有易氧化、高温分解、转化和不稳定等性质，在加工、贮藏和调制时放在适宜的低温、避光、封装条件下，储存与食用时间最好不要超过 12 个月，冷料压榨、凉拌食用效果最好。

（4）大果榛子与几种木本植物坚果脂肪酸饱和度对比分析。随着人们生活水平的日益提高，坚果成为人们日常生活中必不可少的消费食品。以大果榛子油为主要评价对象，以北方常用特色胡麻油为参照，对比分析了中国南北方、美洲等常见的木本坚果与大果榛子油脂肪酸含量差异，有助于准确认识大果榛子等常见坚果与北方常见特色胡麻油脂肪酸含量之间差异，为保持科学、良好的饮食习惯提供参照。

对比分析表明（表 5-4），在选择的 20 种植物的 24 个待评样本中，饱和脂肪酸、单不饱和脂肪酸和多不饱和脂肪酸均具有很广泛的区间分布。整体来看，除椰子油饱和脂肪酸含量达到了 94.3%外，其他饱和脂肪酸含量均小于 20%。大果榛子单不饱和脂肪酸含量最高，可达 74.4%~82.6%，总不饱和脂肪酸含量以长柄扁桃最高，达 97.89%，大果榛子次之（92.6%~94.6%），在所有脂肪酸中占有绝对比例。说明大果榛子油以单不饱和脂肪酸为主，是良好的木本植物保健油品。

表 5-4　大果榛子与不同木本植物坚果脂肪酸饱和度比较（牛艳，2020）　　单位：%

树种	饱和脂肪酸总量	单不饱和脂肪酸总量	多不饱和脂肪酸	总不饱和脂肪酸
大果榛子	4.9~6.1	74.4~82.6	13.6~18.2	92.6~94.6
榛子	7.7	78.7	13.6	92.3
文冠果	4.9	27.3	58.9	86.2
长柄扁桃	2.11	69.11	28.77	97.89
扁桃仁	8.1	66.7	25.3	91.9
杏仁油	5.4	66.4	25.2	91.6
核桃油	8.7	19.7	71.4	91.1
美洲核桃	9.0	59.5	31.5	91.0
山核桃	11.4	53.0	35.6	88.6
胡桃	9.8	14.3	75.9	90.2

（续表）

树种	饱和脂肪酸总量	单不饱和脂肪酸总量	多不饱和脂肪酸	总不饱和脂肪酸
牡丹籽油	7.91	22.27	69.8	92.09
松子	16.2	39.6	44.2	83.8
巴西坚果	15.0	40.8	34.2	75.0
腰果	19.7	60.4	19.9	80.3
板栗	18.2	36.4	45.5	81.8
椰子	94.3	4.4	1.3	5.7
橡树	13.7	66.1	20.3	86.3
山毛榉	11.9	45.9	42.1	88.1
澳洲坚果	16.7	81.2	2.1	83.3
阿月浑子	12.8	55.2	32.0	87.2
橄榄油	11.6	76.9	11.5	88.4
胡麻油	9.06	29.577	50.355	79.932

注：表中橡树、扁桃仁、山毛榉、巴西坚果、腰果、板栗、椰子、山核桃、澳洲坚果、美洲核桃、松子、阿月浑子、胡桃、橄榄油、牡丹籽油数据均摘自 Alasalvar（2009）。

4. 主要研究结果

（1）大果榛子单不饱和脂肪酸、总不饱和脂肪酸分别可达74.4%~82.6%和92.6%~94.6%，是良好的非饱和脂肪酸木本植物油。其中，宁夏产大果榛子的脂肪、淀粉、钾、钙、磷含量明显高于辽宁、黑龙江等省（区），与进口榛子脂肪含量相当或优于进口，但蛋白质含量明显较低，钾、钙、磷微量元素含量品质优良。

（2）从不同品种榛子营养成分来看，‘玉坠’品种脂肪、总糖、淀粉含量最高，‘达维’最低；‘辽榛3号’蛋白质、钾、磷含量最高，‘玉坠’最低；而‘玉坠’的钙含量最高。

（3）‘达维’‘辽榛7号’品种果形较好，机械加工及带壳销售均最适宜。‘玉坠’品种坚果小，出仁率高，果仁味香，果壳薄，适合烤食加工出售。‘辽榛3号’品种由于外形美观，适宜带壳销售，但果壳及果仁果形指数均较差。

（4）宁夏产4个品种的出仁率‘玉坠’及‘达维’符合质量要求。因此，需要从田间管理、水肥调控、品种适应性等方面深入探索研究。

第二节　宁夏和吉林产不同品种大果榛子果实性状对比分析

榛树作为经济林果树的一种，有较广阔的市场，是一种重要的木本油料树种（梁锁兴等，2015），其果实是世界四大坚果之一，营养价值较高，而且有着“坚果之王”的美誉（孟祥敏，2018）。其含有的油酸可以有效地预防癌症和心脑血管等多种疾病（邓娜等，2017）。大果榛子又称为平欧杂种榛，是北方杂交的榛子品种，其营养丰富（刘相艳，2020）。榛子中含有较高的蛋白质和维生素，可制作榛子粉，经济价值较高，故国内外市场对于榛果的需求都较大，发展前景广阔（彭琴等，2016；梁金花，2016）。我国农业产业结构的调整使大果榛子的栽植面积不断扩大（王文平，2020），在我国主要分布省份包括：黑龙江、吉林、辽宁、河北、甘肃、宁夏、青海等25个省（区、市）（霍洪亮等，2016）。宁夏作为大果榛子的引进地区，深入地研究其栽培技术以及扩增方法，对于提高宁夏地区大果榛子的经济效益有着积极的意义。此外榛树的种植还有很大的生态价值，可有效地改良环境、保持水土等（魏新杰，2019；刘旭昕，2019）。

榛树具有适应性强、品质良好、抗寒性好、产量高等优点（孙万河等，2007），而且田间管理方便，榛树的果实可为榛仁的食品加工提供原材料（孙阳等，2017），扩大干果市场。但目前大果榛子的品种较多，故在对大果榛子进一步推广种植之前，最重要的就是选择合适的品种扩大生产（石英等，2019）。‘达维’‘辽榛’‘平欧’等品种均有着较强的越冬性以及抗抽干能力（陈刚等，2012）。东北地区是我国榛子的主要产区，其榛树不仅果实大，而且抗逆性、抗寒性较好，在吉林省地区对大果榛子进行栽培时，会选择‘达维’和‘平欧’品种。

为使宁夏地区的榛子产业稳定发展，不仅要保证理想的产量，还需对其质量提出进一步的要求。本次研究旨在通过不同品种的大果榛子在吉林地区与宁夏地区种植的果实性状对比研究，进一步筛选出仁率和产量较高的品种进行相应栽培技术的研究，以期选育出适合宁夏地区栽培的大果榛子优良品种，丰富大果榛子的栽培技术，扩大种植范围。

一、材料与方法

1. 试验地点

采样点位于宁夏回族自治区银川市永宁县望洪镇园林村榛子园，该地处于银川平原引黄灌区中部，东临黄河，西靠贺兰山，其位置为北纬 38°26′～38°38′，东经 105°49′～106°22′。地处中温带干旱气候区，年均温 8.7℃，无霜期 167d，光照充足，昼夜温差较大。降水一年分配不均匀，集中在 7 月、8 月、9 月 3 个月，且降水稀少、蒸发强烈，较为干旱。

2. 试验材料

本研究选用宁夏永宁县望洪镇园林村永宁县春之秋农林专业合作社生产的‘达维’（育种代号 84-254）、‘辽榛 3 号’（育种代号 84-226）、‘辽榛 7 号’（育种代号 82-11）、‘玉坠’（育种代号 84-310）共 4 个大果榛子品种为供试材料，均于 2012 年来自沈阳市梁氏榛子种植园。

3. 试验方法

（1）外形尺寸。分别利用宁夏和吉林产 4 个品种大果榛子，每个品种随机选择 90 个，分 3 组，每组 30 个，利用游标卡尺测量大果榛子果壳长、果壳宽、果壳厚、果仁长、果仁宽、果仁厚。利用天平测定果壳重、果仁重生长性状指标，取其平均值（保留两位小数）。

（2）出仁率。考种时利用带壳果实内种子的重量与果实的总重量比值，作为大果榛子出仁率计算。

二、结果分析

1. 不同品种的大果榛子在宁夏和吉林的果实形态对比

大果榛子属于新型的经济树种，在引进榛子品种的过程中对比发现，宁夏和吉林地区栽培的不同品种的大果榛子在果实形态上有着较大的差别。研究结果如表 5-5 所示，宁夏和吉林产的‘达维’品种果壳长、果仁重，但差异不显著；吉林地区‘达维’果壳宽、果壳厚、果仁长、果仁宽、果仁厚，显著高于宁夏地区。吉林和宁夏的‘辽榛 3 号’品种的果实性状除果壳长外，其他 7 项

表 5-5　宁夏和吉林产不同品种大果榛子果实形态对比

品种	产地	果壳长/mm	果壳宽/mm	果壳厚/mm	果壳重/g	果仁长/mm	果仁宽/mm	果仁厚/mm	果仁重/g
达维	宁夏	21. 77±0. 14a	17. 82±0. 08b	16. 50±0. 08b	1. 39±0. 05b	15. 24±0. 47b	10. 93±0. 22b	10. 59±0. 27b	1. 02±0. 05a
	吉林	22. 72±0. 63a	20. 34±0. 34a	18. 44±0. 40a	1. 87±0. 16a	16. 90±0. 14a	12. 75±0. 61a	11. 19±0. 12a	1. 01±0. 05a
辽榛 3 号	宁夏	24. 79±0. 28a	17. 01±0. 10b	16. 42±0. 26b	1. 15±0. 08b	15. 10±0. 84b	10. 27±0. 72b	8. 89±0. 55b	0. 81±0. 09b
	吉林	25. 02±0. 36a	20. 27±0. 31a	18. 73±0. 14a	2. 22±0. 05a	19. 06±0. 29a	12. 71±0. 20a	12. 07±0. 19a	1. 16±0. 02a
辽榛 7 号	宁夏	20. 15±0. 06b	16. 83±0. 17b	16. 78±0. 09b	1. 31±0. 05b	14. 36±0. 44b	10. 21±0. 74b	10. 09±1. 17b	0. 82±0. 16b
	吉林	21. 93±0. 47a	19. 61±0. 40a	19. 60±0. 13a	2. 06±0. 06a	16. 83±0. 59a	12. 33±0. 06a	12. 90±0. 23a	1. 10±0. 03a
玉坠	宁夏	18. 86±0. 16b	14. 68±0. 36b	13. 61±0. 23b	0. 73±0. 03b	13. 78±0. 24b	9. 83±0. 38b	8. 81±0. 19b	0. 66±0. 03b
	吉林	20. 69±0. 60a	16. 51±0. 35a	15. 55±0. 47a	1. 11±0. 11a	15. 76±0. 58a	11. 44±0. 16a	11. 24±0. 16a	0. 86±0. 04a
平均	宁夏	21. 39	16. 86	15. 82	1. 15	14. 62	10. 31	9. 60	0. 83
	吉林	22. 59	19. 18	18. 08	1. 82	17. 14	12. 31	11. 85	1. 03

注：同一品种的同列不同小写字母表示处理间存在显著差异（$P<0.05$）。

果实性状显著高于宁夏地区。对于‘辽榛 7 号’和‘玉坠’2 个大果榛子品种的果实性状进行对比后发现，吉林地区高于宁夏地区。

总体而言，宁夏地区的榛子果实性状较吉林地区差，故在引进的时候要注意品种的筛选，综合对比后选择适合宁夏地区气候条件生长的品种，在进一步的研究中不断地改善田间条件。

2. 宁夏地区不同品种大果榛子果实形态比较

在 4 个大果榛子品种中，果壳长度依次为辽榛 3 号>达维>辽榛 7 号>玉坠，‘辽榛 3 号’坚果金黄色，果粒个大，外形整齐，很受消费者欢迎。而‘玉坠’果壳长度显著低于其他品种；坚果果壳越厚，越不利于人们带壳食用。‘达维’‘辽榛 3 号’‘辽榛 7 号’的果壳宽度、果壳厚度、果壳重、果仁长度、果仁重的差异性不显著，而‘玉坠’的果壳宽显著低于其他 3 个品种，其果壳及果仁尺寸、重量均最小，主要形态数值最低，该品种坚果小，果壳薄，适合烤食、加工出售。‘辽榛 7 号’品种不利于人们带壳食用，但坚果呈红色，整齐度高，外形漂亮美观，商品性较好，4 个品种的果仁宽、果仁厚的差异性不显著。

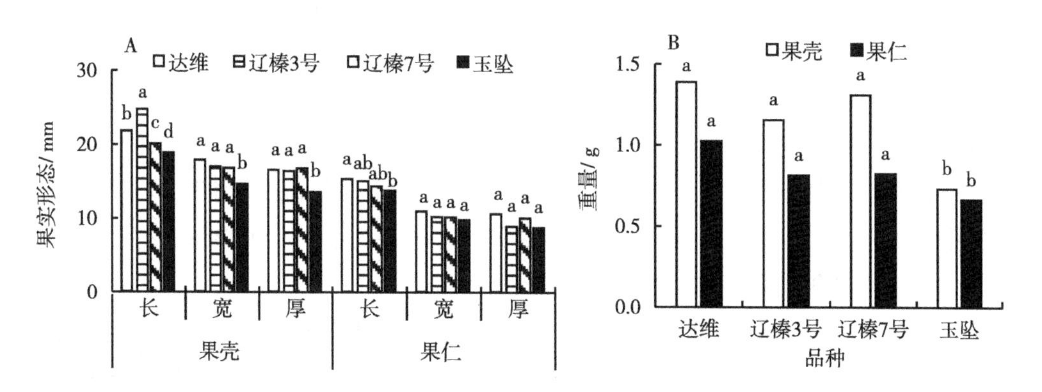

图 5-7 不同品种大果榛子果实形态比较

注：不同小写字母表示不同处理间存在显著差异（$P<0.05$）。

3. 宁夏地区不同品种大果榛子出仁率比较

按照榛子出仁率须≥40%的基本要求，4 个大果榛子品种中出仁率最高的为‘玉坠’，为 46.96%，其他 3 个品种出仁率的差异性不显著。‘达维’‘辽榛 3

号’‘辽榛7号’的出仁率依次为40.31%、39.84%、37.75%（图5-8）。宁夏产4个品种的出仁率除‘玉坠’及‘达维’外，‘辽榛3号’‘辽榛7号’均不符合质量要求。

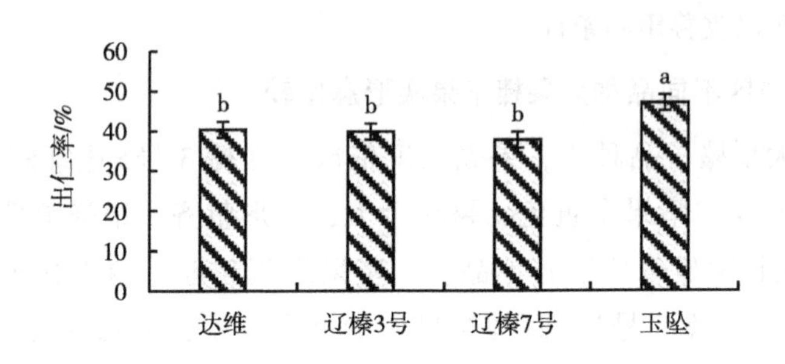

图5-8　不同品种大果榛子出仁率比较

注：不同小写字母表示不同处理间显著差异（$P<0.05$）。

4. 结论

（1）宁夏和吉林的‘达维’品种的大果榛子果壳长和‘辽榛3号’品种的差异性不显著，其他性状都是吉林地区要高于宁夏地区，说明‘达维’‘辽榛3号’‘辽榛7号’和‘玉坠’品种在引进过程中需要进行水分、养分以及害虫等田间管理，以提高产量和质量。

（2）宁夏地区不同品种间，‘玉坠’的果壳长度和果壳宽显著低于其他3个品种，但出仁率高于其他，‘玉坠’品种坚果小，出仁率高，果仁味香，果壳薄，适合烤食加工出售。‘辽榛3号’品种外形美观，适宜带壳销售，但‘辽榛3号’果壳及果仁果形指数均较差。‘达维’‘辽榛7号’品种果形较好，机械加工及带壳销售均最适宜。

（3）为保证良好的种植效益，应挑选合适的大果榛树品种，不断地更新改良栽培技术，强化田间管理，宁夏产4个品种需要进一步从水肥调控、品种适应性等方面深入探索研究。

（4）由于相同品种在不同地区栽培，其果品品质、营养价值均会有不同程度的差异，宁夏产大果榛子脂肪含量明显高于辽宁、黑龙江等省（区），与进口榛子脂肪含量相当或优于进口，但蛋白质、钙、磷含量明显较低。

第三节　农家肥施用对大果榛子形态特征及品质的影响研究

一、形态重量比较

年初4月中旬每亩地春季施用3m^3牛粪，开沟施用，供试品种为‘达维’。

1. 果苞形态

未施农家肥的榛子果苞平均长、宽、厚均大于施农家肥的榛子果苞。

2. 果壳形态

施农家肥的榛子果壳平均长、宽、厚均大于未施农家肥的榛子果壳。

3. 果仁形态

施农家肥的榛子果仁平均长、宽、厚均大于未施农家肥榛子的果仁。

4. 果苞重量

（1）鲜重比较。施农家肥的榛子果苞鲜重平均值为2.14g，大于未施农家肥的榛子果苞（1.79g）；施肥果苞最重为4.12g，最轻为0.99g，未施肥果苞最重为2.78g，最轻为0.61g。

（2）风干重量比较。施农家肥的榛子果苞风干重平均值为0.536 3g，略低于未施农家肥的榛子果苞（0.543 1g）；施肥果苞最重为1.23g，最轻为0.20g，未施肥果苞最重为0.93g，最轻为0.22g。

（3）烘干重量比较。施农家肥的榛子果苞烘干重平均值为0.452 7g，略微低于未施农家肥的榛子果苞（0.454 9g）；施肥果苞最重为0.97g，最轻为0.18g，未施肥果苞最重为0.83g，最轻为0.20g。

5. 果壳重量

（1）鲜重比较。施农家肥的榛子果壳鲜重平均值为1.44g，大于未施农家肥的榛子果壳鲜重（1.31g）；施肥果壳最重为2.44g，最轻为0.81g，未施肥果壳最重为1.93g，最轻为0.33g。

（2）风干重量比较。施农家肥的榛子果壳风干重平均值为1.08g，大于未施农家肥的榛子果壳（1.03g）；施肥果壳最重为1.87g，最轻为0.10g，未施肥果壳最重为1.48g，最轻为0.28g。

（3）烘干重量比较。施农家肥的榛子果壳烘干重平均值为1.01g，大于未施农家肥的榛子果壳（0.94g）；施肥果壳最重为1.79g，最轻为0.16g，未施肥果壳最重为1.39g，最轻为0.18g。

6. 果仁重量

（1）鲜重比较。施农家肥的榛子果仁鲜重平均值为1.59g，大于未施农家肥的榛子果仁（1.17g）；施肥果仁最重为2.65g，最轻为0.86g，未施肥果仁最重为1.70g，最轻为0.05g。

（2）风干重量比较。施农家肥的榛子果仁风干重平均值为0.97g，略微高于未施农家肥的榛子果仁（0.80g）；施肥果仁最重为1.836 5g，最轻为0.298 7g，未施肥果仁最重为1.774 4g，最轻为0.017 5g。

（3）烘干重量比较。施农家肥的榛子果仁烘干重平均值为0.81g，略微高于未施农家肥的榛子果仁（0.68g）；施肥果仁最重为1.406 4g，最轻为0.395 3g，未施肥果仁最重为1.904 6g，最轻为0.016 8g。

7. 总结

（1）形态总结。施肥会使榛子的果壳和果仁的形态增大，使果苞形态变小。

（2）重量总结。施肥对榛子的鲜重影响显著，使鲜重增加，也使果壳与果仁的风干重量及烘干重量有一定的增加，但会使果苞的风干重量与烘干重量略微减小，基本影响不大。

二、品质比较

1. 榛子主要营养成分

榛子营养成分中，脂肪含量最高，其次是蛋白质、总糖，淀粉含量最低。施农家肥的榛子脂肪、蛋白质、总糖含量大于未施农家肥的，而淀粉含量小于未施农家肥。

2. 微量元素含量

如表5-6所示，钙含量最高，其次是钾含量，磷最低。施农家肥的榛子钾和磷的含量大于未施农家肥榛子；而钙含量小于未施农家肥的。

表 5-6　农家肥施用对榛子主要营养成分的影响

试验处理	淀粉/（g/100g）	总糖/（g/100g）	蛋白质/（g/100g）	脂肪/（g/100g）	钾/（mg/100g）	钙/（mg/100g）	磷/（mg/100g）
未施农家肥	4.91	8.6	11.6	60.4	1 125	4 398	272
施农家肥	4.41	8.8	14.0	61.1	1 168	3 363	308

3. 总结

（1）营养成分总结。榛子营养成分中，脂肪含量最高，其次是蛋白质、总糖，最低的是淀粉含量。施肥对榛子蛋白质含量的影响比较显著，对提高脂肪和总糖含量有一定的促进作用，但施肥后榛子的淀粉含量低于未施肥的榛子。

（2）微量元素含量总结。3 种元素中，钙含量最高，磷含量最低。施肥可以提高榛子的钾和磷含量，但是会减少榛子中的钙含量。

第四节　鲜食榛子与成熟榛子主要营养成分比较

为分析评价不同采摘时期榛子主要营养成分含量，试验在宁夏引黄灌区永宁县望洪镇园林村，以‘达维’为供试品种，开展了鲜食采摘与成熟榛子 2 种不同采摘时期的榛子营养成分变化的研究。

一、取样方法及主要测试指标

鲜食样品于 2019 年 7 月 25 日带苞采摘成熟的‘达维’榛子果实，在冷藏温箱保存送检。成熟样品于 9 月上旬榛子成熟后收集自动脱落的‘达维’果实送检，进行营养成分比较，2 种样品均为田间统一管理。主要测试指标有淀粉、总糖、蛋白质、脂肪、钾、钙、磷共 7 项指标，送检部门为宁夏智联检测科学技术研究所，可为科学指导榛子采收、引导发展榛子采摘等相关产业提供技术支撑。

二、主要测试结果

由表 5-7 可知，榛子主要营养成分中，脂肪含量最高，其次是蛋白质和总糖含量，淀粉含量最低。由于鲜食榛子含水量相对较高，因此相比而言，成熟坚果榛子的主要营养成分均高于鲜食榛子，但鲜食榛子的微量元素钙、钾、磷含量均高于成熟榛子。

表 5-7 鲜食榛子与成熟后坚果榛子主要营养成分比较

供试样品	淀粉/（g/100g）	总糖/（g/100g）	蛋白质/（g/100g）	脂肪/（g/100g）	钾/（mg/100g）	钙/（mg/100g）	磷/（mg/100g）
鲜食榛子	4.91	8.6	11.6	60.4	1 125	440	272
成熟榛子	4.95	9.6	12.1	63.5	1 037	344	271

近几年榛子“干果鲜食”的消费需求很大，一些地方的榛子采后随即带苞销售，供不应求。榛子树属大灌木、小乔木，成熟时压弯枝条，特别适合观光采摘；鲜榛子果壳因含有水分尚不太坚硬，而且榛子直径大小适合牙齿开张咬嗑，这也为鲜榛子消费带来方便。鲜榛子口感脆而清香，咀嚼感好，没有怪味儿，深受广大消费者喜爱。由于不同地区榛子成熟期的差异，经销商为抢占市场，鲜榛子的异地采购销售交易量上升。鲜榛子的消费将有巨大的市场发展空间，做好鲜榛子的贮运保鲜具有技术应用需求（王贵禧，2019）。

第五节　宁夏榛子与进口榛子外形与品质比较研究

1. 果壳长度

3 种榛子果壳差异明显，平均长度均在 21mm 以上；亮色果壳平均长度最长，暗色果壳最短，但暗色果壳的最大长度（29.19mm）高于亮色果壳，其最低长度是 19.42mm，也高于宁夏榛子果壳的最低长度（17.87mm），宁夏榛子果壳的最大长度是 26.1mm；亮色果壳长度较均一，最大长度是 26.60mm，最小长度为 21.07mm，且果壳开裂明显。

2. 果壳宽度

暗色果壳榛子的平均宽度最大，宁夏榛子的平均宽度最小；3 种榛子中，暗色果壳最宽为 25.30mm，也为此试验中果壳最宽，最窄为 20.04mm，亮色果壳最宽为 22.22mm，最窄为 19.07mm，宁夏榛子最窄为 14.43mm，也为此试验中最窄，其最宽为 21.55mm。

3. 果壳厚度

暗色果壳平均厚度最大，宁夏榛子果壳平均厚度最小；3 种榛子中，暗色榛子的厚度最大为 23. 95mm，为此试验中果壳最厚，其最薄为 17. 43mm，宁夏榛子的厚度最小为 13. 76mm，其厚度最大为 19. 85mm，亮色榛子厚度最大为 21. 18mm，其最薄为 15. 39mm。

4. 果壳重量

暗色果壳的平均重量最大，宁夏榛子果壳的平均重量最小；3 种榛子中，暗色榛子壳最重为3. 108 1g，最轻为2. 146 2g，暗色榛子壳重量整体较大；宁夏榛子果壳最轻为0. 784 6g，最重为2. 052 0g；亮色榛子果壳最重为2. 550 1g，最轻为1. 283 7g（图 5-9）。

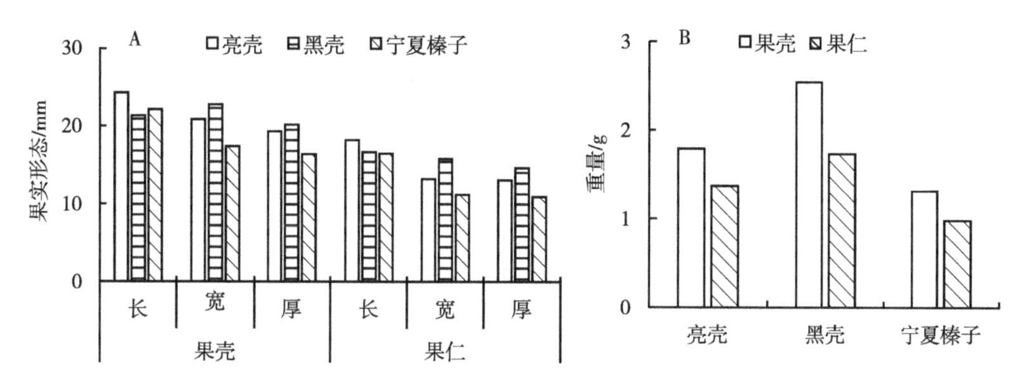

图 5-9 宁夏榛子与进口榛子果实外形比较

5. 果仁长度

亮色壳果仁平均长度最长，宁夏榛子果仁平均长度最小；3 种榛子中，暗色果仁平均长度与宁夏榛子果仁长度相近，亮色壳果仁最长为 21. 92mm，最短为 12. 70mm，宁夏榛子果仁最长为 20. 66mm，最短为 13. 22mm，暗色壳果仁最长为 20. 57mm，最短为 14. 04mm。

6. 果仁宽度

暗色壳果仁平均宽度最大，宁夏榛子果仁宽度最小；3 种榛子中，暗色壳果仁最宽为 18. 09mm，最窄为 11. 62mm，宁夏榛子果仁最窄为 8. 57mm，最宽为 14. 60mm，亮色壳果仁最宽为 16. 94mm，最窄为 8. 43mm。

7. 果仁厚度

暗色壳果仁平均厚度最大，宁夏榛子果仁厚度最小；3 种榛子中，暗色壳果仁最厚为 19. 95mm，最薄为 10. 01mm，宁夏榛子果仁最薄为 6. 08mm，最厚为 12. 75mm，亮色壳果仁最厚为 16. 38mm，最薄为 8. 67mm。

8. 果仁重量

暗色果壳的平均重量最大，宁夏榛子果壳的平均重量最小；3 种榛子中，暗色果壳果仁最重为 2. 411 6g，最轻为 0. 185 3g，宁夏榛子果仁最重为 1. 485 0g，最轻为 0. 334 0g，亮色果壳果仁最重为 2. 175 7g，最轻为 0. 584 4g。

第六章　宁夏大果榛子病、虫、草、冻害防治技术研究

第一节　宁夏引黄灌区榛子地主要杂草种类普查及防治技术

杂草作为农田生产中必然存在的一部分，对人类生产活动、农牧业发展有一定的负面影响（任继周，1998；庞恒国等，2008）。许多杂草具有较强的吸收与抗逆能力，有着快速生长、高光合效率的特点。杂草能够在生长期内由营养生长快速过渡为生殖生长，对农作物生长产生干扰；而且根系较为发达，会产生对农作物生长有抑制作用的分泌物（刘长令，2002；王险峰，2000；王勤芳等，2019）。在农牧业生产过程中，杂草不仅争夺农作物的水分、养分、光照和空间（靳彦卿等，2018；梁玉娥等，2015；李志新，2011），而且常成为一些病虫害的寄主，从而影响农作物的生长发育，导致农作物产量降低、品质下降（郭琼霞等，2003；王劲松等，2009；浑之英等，2009）。同时，杂草还具有明显的区域性、地带性和季节性，而且与所栽培作物之间具有共生性、专一性。因此，不同地区、不同作物、不同季节杂草防治技术也不尽相同，能否采取科学有效的防治措施，抑制杂草滋生，是提高土地生产力、促使农作物高产、维持农业生产安全的关键所在（左忠等，2004）。

榛子有“坚果之王”的美称，与扁桃、腰果、核桃并称“四大坚果”（张友贵等，2019）。随着人们生活水平日益改善，榛子营养价值和药用价值逐渐被人们重视。大果榛子是由中国境内的平榛与引进的欧洲榛杂交后形成的适应环境生长的杂交种，又被称作平欧榛（张罡，2018）。它具有果仁颗粒饱满、口味甜以及抗高寒、耐瘠薄的特点（庞发虎等，2002）。作为宁夏地区近几年新引进的经济作物，种植大果榛子可以带来一定的经济效益、社会效益、生态效益。

但是目前对于大果榛子的研究大多集中在生长性状、品种对比以及栽培的地形、气候、土壤、修剪、繁殖方式等方面，对于榛子园内的杂草情况研究较少（王荣敏等，2018；魏新杰，2019；赫广林，2019；陈炜青等，2017；易米平等，2009）。

为了更好地了解榛子园内的杂草、开展科学合理的农田除草工作，减少杂草的为害，对宁夏引黄灌区永宁县榛子园内常见杂草种类与数量进行了较为系统的调查，可为选择适宜的杂草防除技术提供理论依据。

一、研究区概况

试验地区位于宁夏回族自治区银川市永宁县望洪镇园林村，地处引黄灌区中部，属于典型的大陆性气候，年均气温 8.7℃，年平均降水量 201.4mm，蒸发量 1 470.1mm，多大风天，沙尘暴频发。地带性土壤类型以灰钙土、淡灰钙土、灌淤土为主，地带性植被有沙枣、沙蒿、针茅、沙柳等。

二、普查方法

1. 主要普查地点

本次普查在宁夏回族自治区银川市永宁县望洪镇大果榛子园内。

2. 普查方式

分别选取榛子园内 3 年生与 6 年生榛子样地，采用全果园范围内普查的方式全面进行，重点对出现的杂草类型进行分类调查记录，为制定合理的人工防除技术措施提供依据。

3. 普查时间

在 7 月下旬进行，选择当地多数进入生殖生长阶段，但种子尚未成熟脱落的杂草种类。

三、结果与分析

1. 3 年生大果榛子田间杂草普查

由表 6-1 可知，3 年生大果榛子田间杂草有 12 科 35 种，其中唇形科、堇菜科、苋科、蒺藜科、萝藦科、紫草科、锦葵科均只有一种，分别占杂草总数的2.86%；豆科有牛枝子、苜蓿，占5.71%；旋花科有田旋花、菟丝子，占5.71%；藜科有灰藜、雾冰藜、猪毛菜，占8.57%；菊科有苍耳、山苦荬、沙旋覆花、艾蒿、苦苦菜、刺儿菜、猪毛蒿、蒙古蒿、蓟、砂蓝刺头、银叶菊，占31.42%；禾本科有芦苇、短花针茅、稗草、狗尾草、高粱、虎尾草、画眉草、野糜子、白草、马唐，占28.57%。

表6-1 3年生大果榛子田间杂草普查（马静利等，2020）

序号	科属	所占种数比例/%	杂草名	拉丁名	序号	科属	所占种数比例/%	杂草名	拉丁名
1	唇形科	2.86	脓疮草	*Panzeria alaschanica*	19	堇菜科	2.86	堇菜	*Viola verecunda*
2	苋科	2.86	西风谷	*Amaranthus retroflexus*	20	蒺藜科	2.86	蒺藜	*Tribulus terrestris*
3	萝藦科	2.86	鹅绒藤	*Cynanchum chinense*	21	紫草科	2.86	鹤虱	*Lappula myosotis*
4	锦葵科	2.86	野西瓜苗	*Hibiscus trionum*	22	藜科	8.57	灰藜	*Chenopodium album*
5	豆科	5.71	牛枝子	*Lespedeza potaninii*	23			雾冰藜	*Bassia dasyphylla*
6			苜蓿	*Medicago sativa* Linn.	24			猪毛菜	*Salsola collina*
7	旋花科	5.71	田旋花	*Convolvulus arvensis*	25	菊科	31.42	苍耳	*Xanthium sibiricum*
8			菟丝子	*Cuscuta chinensis*	26			山苦荬	*Ixeris denticulate*
9	禾本科	28.57	芦苇	*Phragmites australis*	27			沙旋覆花	*Inula salsoloides*
10			短花针茅	*S. breviflora*	28			艾蒿	*Artemisi aargyi*
11			稗草	*Echinochloa crusgalli*	29			苦苦菜	*Sonchus oleraceus*
12			狗尾草	*Setaria viridis*	30			刺儿菜	*Cirsium arvense* var. *integrifolium*
13			高粱	*Sorghum bicolor*	31			猪毛蒿	*Artemisia scoparia*
14			虎尾草	*Chloris virgata*	32			蒙古蒿	*Artemisia mongoliam*
15			画眉草	*Eragrostis pilosa*	33			蓟	*Cirsium japonicum*
16			野糜子	*Panicum miliaceum*	34			砂蓝刺头	*Echinops gmelinii* Turcz.
17			白草	*Pennisetum centrasiaticum*	35			银叶菊	*Senecio cineraria*
18			马唐	*Digitaria sanguinalis*					

2. 6年生大果榛子田间杂草普查

由表6-2可知，6年生大果榛子田间杂草有16科46种，其中鼠李科、榆科、蓼科、苋科、马齿苋科、十字花科、牻牛儿苗科、蒺藜科、紫草科、紫葳科、锦葵科均只有一种植物，各占 2.17%；旋花科有田旋花、菟丝子，占总种数的 4.35%；豆科植物有紫花苜蓿、大豆、牛枝子，占 6.53%。

表 6-2　6 年生大果榛子田间杂草普查（马静利等，2020）

序号	科属	占总种数比例/%	种名	拉丁名	序号	科属	占总种数比例/%	种名	拉丁名
1	鼠李科	2.17	酸枣	*Ziziphus jujuba*	25	榆科	2.17	白榆	*Ulmus pumila* L.
2	蓼科	2.17	蓼	*Polygonum aviculare*	26	苋科	2.17	西风谷	*Amaranthus retroflexus*
3	马齿苋科	2.17	马齿苋	*Portulaca oleracea*	27	十字花科	2.17	独行菜	*Lepidium apetalum*
4	牻牛儿苗科	2.17	牻牛儿苗	*Erodium stephanianum*	28	蒺藜科	2.17	蒺藜	*Tribulus terrestris*
5	紫草科	2.17	鹤虱	*Lappula myosotis*	29	紫葳科	2.17	角蒿	*Incarvillea sinensis*
6	锦葵科	2.17	野西瓜苗	*Hibiscus trionum*	30	豆科	6.53	紫花苜蓿	*Medicago sativa*
7	旋花科	4.35	菟丝子	*Cuscuta chinensis*	31			大豆	*Glycine max*
8			田旋花	*Convolvulus arvensis*	32			牛枝子	*Lespedeza potaninii*
9	藜科	8.70	猪毛菜	*Salsola collina*	33	禾本科	30.44	狗尾草	*Setariaviridis*
10			地肤	*Kochia scoparia*	34			画眉草	*Eragrostis pilosa*
11			沙蓬	*Agriophyllum squarrosum*	35			芦苇	*Phragmites australis*
12			尖头叶藜	*Chenopodium acuminatum*	36			赖草	*Leymus secalinus*
13	菊科	26.11	苍耳	*Xanthium sibiricum*	37			长芒稗	*Echinochloa caudate* Roshev.
14			菊芋	*Helianthus tuberosus*	38			高粱	*Sorghum bicolor*
15			山苦荬	*Ixeris denticulata*	39			糜子	*Panicum miliaceum*
16			苣荬菜	*Sonchus brachyotus*	40			白草	*Pennisetum centrasiaticum*
17			叉枝鸦葱	*Scorzonera divaricata*	41			荩草	*Arthraxon hispidus*
18			猪毛蒿	*Artemisia scoparia*	42			披碱草	*Elymus dahuricus*
19			艾蒿	*Artemisia argyi*	43			无芒稗	*Echinochloa crusgalli* var. *mitis*
20			向日葵	*Helianthus annuus* L.	44			虎尾草	*Chloris virgata* Sw.
21			刺儿菜	*Cephalanoplos segetum*	45			马唐	*Digitaria sanguinalis*
22			砂蓝刺头	*Echinops gmelini* Turcz.	46			稗草	*Echinochloa crusgalli*
23			蒙古蒿	*Artemisia mongolica*					
24			蓟	*Cirsium japonicum*					

藜科植物有猪毛菜、地肤、沙蓬、尖头叶藜，占 8.70%；菊科植物有苍耳、

菊芋、山苦荬、苣荬菜、叉枝鸦葱、猪毛蒿、艾蒿、向日葵、刺儿菜、砂蓝刺头、蒙古蒿、蓟，占26.11%；禾本科植物有狗尾草、画眉草、芦苇、赖草、长芒稗、高粱、糜子、白草、荩草、披碱草、无芒稗、虎尾草、马唐、稗草，占30.44%。

3. 3年生与6年生大果榛子田间杂草种类对比

由表6-1与表6-2可知，3年生与6年生大果榛子田间主要杂草均以1年生为主，其中6年生榛子园田间杂草比3年生多出4科11种，相较于3年生榛子园杂草，6年生榛子园中增加了鼠李科、榆科、蓼科、马齿苋科、十字花科、牻牛儿苗科、紫葳科；唇形科、堇菜科、萝藦科植物消失；豆科植物所占比例上升，藜科植物占总种数比例上升0.23%。菊科植物所占比例下降5.31%，禾本科植物所占比例上升1.87%。

4. 防治方法

(1) 田间生草法。可在前中期，采取放任不管的措施，利用自然生草法进行杂草管理。灌溉诱出杂草后，用除草剂进行除草，等除草剂药效过后，用沟播或撒播的方式种植一些产量高的可食性牧草，例如燕麦、野豌豆、草地早熟禾、黑麦草、油菜、芸芥、白三叶、红三叶、高羊茅。出苗后，根据墒情及时灌水（最好采用喷灌或滴灌方式），随水施用氮肥，及时去除杂草，生草长至覆盖地面后，根据生长情况及时刈割。

①技术简介。针对榛子等果园机械除草成本较高等现状，研究确定了榛子园田间生草栽培技术。生草栽培可防止和减少土壤水分流失，减少冬春季风沙扬尘造成环境污染；增加土壤有机质含量，改善土壤理化性质，提高土壤肥力，补充和丰富磷、铁、钙、锌、硼等元素；增加果树害虫的天敌种群数量，减少了农药的投入及农药对环境和果实的污染；增加果园土壤湿度，保持良好小气候环境，缓解落地果损失。草种可选择油菜、芸芥、白三叶、红三叶、高羊茅、燕麦、野豌豆、草地早熟禾、黑麦草等，也可选择豆科与禾本科早熟禾草混种。榛子园田间生草的种植方式采用行间种草，幼龄树园生草带宽，成龄树园生草带窄，草带应距离树盘外缘40cm左右。种植方法上，播种前先灌溉，诱杂草出土后选用在土壤中降解快的和广谱性的种类除草剂除草，等除草剂有效期过后（如百草枯在潮湿的土壤中10~15d即失效）再播种。可采用沟播或撒播方式，沟播先开沟，播种覆土；撒播先播种，然后均匀在种子上面撒一层干土。出苗

后，根据墒情及时灌水（最好采用喷灌或滴灌方式），随水施些氮肥，及时去除杂草，生草长起来覆盖地面后，根据生长情况，及时刈割，一个生长季刈割 2~4 次，草生长快的刈割次数多，反之则少。园内生草带更新时间上看，一般情况下生草带在 5 年后，草逐渐老化，要及时翻压，使土地休闲 1~2 年再重新播草。也可使用除草剂和地膜覆盖的方法进行更新。

②应用效果。生草栽培除了节省用工，降低生产成本，带来一定的经济效益外，还在改善榛子园内的土壤、提高榛子品质、进行病虫害防治、改善小气候环境等方面起到积极作用。

③适宜区域。宁夏各灌区或降水量在 300mm 及以上的雨养栽培区的各种果园。

（2）物理除草法。一是利用耕作、栽培、田间管理等方法防治杂草，优点是对作物和环境没有危害、成本低，包括土壤耕作、轮作倒茬、实行垄作等措施。二是通过人工除草、机械除草和黑色地膜覆盖等物理措施防除（李志新，2011）。

（3）化学除草法。在每年的 5 月初可以采用乙草胺、噻吩磺隆、敌草快这 3 种除草剂清除多年生宿根杂草，并对一年生的杂草起到一定的苗前封闭作用。在 5 月初施用的除草剂效果不理想的情况下，对于 6 月初长出的一年生的禾本科和阔叶杂草采用烯草酮、氟磺胺草醚、敌草快。将烯草酮、氟磺胺草醚混合使用，或者单独使用敌草快清除一年生杂草（杨凯，2015；李严寒等，2008；周一夫等，2011；叶文斌等，2015；李冠楠，2019）。

在 5 月初对平欧杂种榛园喷施一次除草剂，此次除草的目的是防除多年生宿根杂草的同时，对一年生的禾本科和阔叶杂草进行苗前封闭。除草剂选择为乙草胺、噻吩磺隆和敌草快。使用位置为除了平欧杂种榛的根部不使用除草剂之外，全榛园均可使用。此次除草剂喷施效果好的情况下，直到 5 月末全榛园基本没有杂草。在苗前封闭效果不好的情况下，在 6 月初会长出一年生的禾本科和阔叶杂草，除草剂选择：一是烯草酮，氟磺胺草醚；二是单独使用敌草快。使用位置为除了平欧杂种榛的根部不使用除草剂之外，全榛园均可使用。此次除草剂喷施效果好的情况下，全榛园基本没有杂草。

喷施除草剂时注意：一是喷除草剂的喷头要带有护罩；二是在没有风的天气使用，防止喷洒到幼树叶面上；三是在喷除草剂之前给平欧杂种榛全园喷施保护制剂，保护制剂为市面上销售的解除草剂药害的叶面肥，喷施后，会在平欧杂种榛叶表面形成保护膜，一旦除草剂由于有风飘到榛树上，会形成比较好的保护作用，可以预防或减轻除草剂药害；四是采购乙草胺、噻吩磺隆等农药时，一定要买单剂，不能买合剂，因为合剂里面含有 2,4-D 丁酯等其他成分，如果不慎买合剂并喷施的情况下，会发生漂移，对平欧杂种榛造成药害；五是烯草酮和氟磺胺草醚必须买单剂，不能买合剂，因为合剂里含有广灭灵，对榛园产生药害；六是灰菜多的情况下，除草剂中要加入有机硅等助剂，否则灰菜不蘸药，除草效果不佳（李冠楠，2019）。

四、结论

研究表明，榛子田内 1 年生杂草最为常见，3 年生与 6 年生大果榛子园田间杂草以菊科、禾本科为主，6 年生大果榛子田间杂草相较于 3 年生的田间杂草在科、种数上均明显增加，多年生恶性杂草种类也明显增加，防治难度加大。建议采取以生草法为基本措施，通过每年 3 次左右的林带内机械中耕与林下物理除草，结合部分恶性杂草化学防除。

第二节　宁夏大果榛子园病虫害调查及防治措施

大果榛子又称为平欧杂种榛，是由国内自有品种平榛与外来引进的欧洲榛杂交后生成的新品种（张友贵等，2019）。作为近年来颇受欢迎的经济作物，大果榛子带来了一定的经济效益与生态效益（庞发虎等，2002）。从经济效益来看，榛子作为四大坚果之一，无论是新鲜采食还是烘干或者进行深加工，都有着广阔的市场受众，可以带来一定的经济效益（张罡，2018）。此外大果榛子作为重要的木本油料作物，其果实出油率较高，而且榛子油内有大量的不饱和脂肪酸，营养价值较高，作为特色食用植物油之一，有较好的效益（李雪岚，2011）。从生态效益来看，种植大果榛子能够涵养水源，保持水土，维护地区的生态环境。

由于大果榛子带来巨大的经济、生态效益，关于它的研究也已广泛展开。在对不同品种大果榛子生长性状以及成活率进行研究后确定了适宜播种的品种与日期（葛文志，2015；李伟，2019；李秀霞等，2005）。大多数地区已对大果榛子栽培过程的气候、土壤、种植方式以及生长过程中的修剪方式进行了研究（王荣敏等，2018；魏新杰，2019；赫广林，2019）；同时还研究了大果榛子的繁殖方式及其优缺点（王育梅，2013；易米平等，2009）。此外，对在大果榛子生长过程中遇到的虫害情况以及应实行的防治措施也进行了研究，发现榛子病虫害分布有明显的地域性，内蒙古地区的虫害以金龟子类、榛实象鼻虫为主（乔雪静等，2016）；对东北地区榛子虫害研究后发现榛瘿蚊、黑绒金龟子、榛实象甲、榛树卷叶象虫为主要虫害并提出了相应的防治措施（陈喜忠，2016；付保东等，2014；舒红，2016；赵兴歌等，2009；胡文霞，2012；刘莉等，2008；刘晓峰，2015）。

现有研究大多集中在榛子生长特性上，也有少量关于榛子地虫害的研究；但目前关于榛子地内昆虫种类以及数量研究较少。本节以宁夏引黄灌区大果榛子地为研究对象，对2019年大果榛子地的昆虫种类、数量变化及时空分布特征进行了研究，提出一定的害虫防治措施，为榛子地的虫害防治提供理论基础和技术保障。

一、研究材料与方法

1. 研究区概况

试验地位于宁夏回族自治区银川市宁夏引黄灌区永宁县望洪镇园林村7年榛子地，该地位于引黄灌区中部，属于典型的大陆性气候，年均温8.7℃，年平均降水量201.4mm，蒸发量1 470.1mm，多大风天，沙尘暴频发。地带性土壤类型以灰钙土、淡灰钙土、灌淤土为主，地带性植被有沙枣、沙蒿、针茅等。

2. 试验方法

为进一步研究不同种类昆虫空间分布特征及不同季节时间动态变化规律，特采用“5点采样法”分别在榛子地的西南、东南、中间、西北、东北设置了试验样地。如图6-1所示，在每个样地的西南、东南、中间、西北、东北方向选取相邻的3棵榛子树，在树上、树下设置纸杯，并采用重量比配制的糖醋汁（配制方法为糖：醋：75%酒精：水=2：1：1：20）诱捕昆虫。

在2019年的6—9月每月测定一次。利用纸杯法收取，将配制好的糖醋汁倒入纸杯，倒入量占纸杯总量的1/3，月初收集上次放置的样品并重新放置，并用75%酒精保存样品。在挑出纸杯内昆虫后对其鉴定识别。

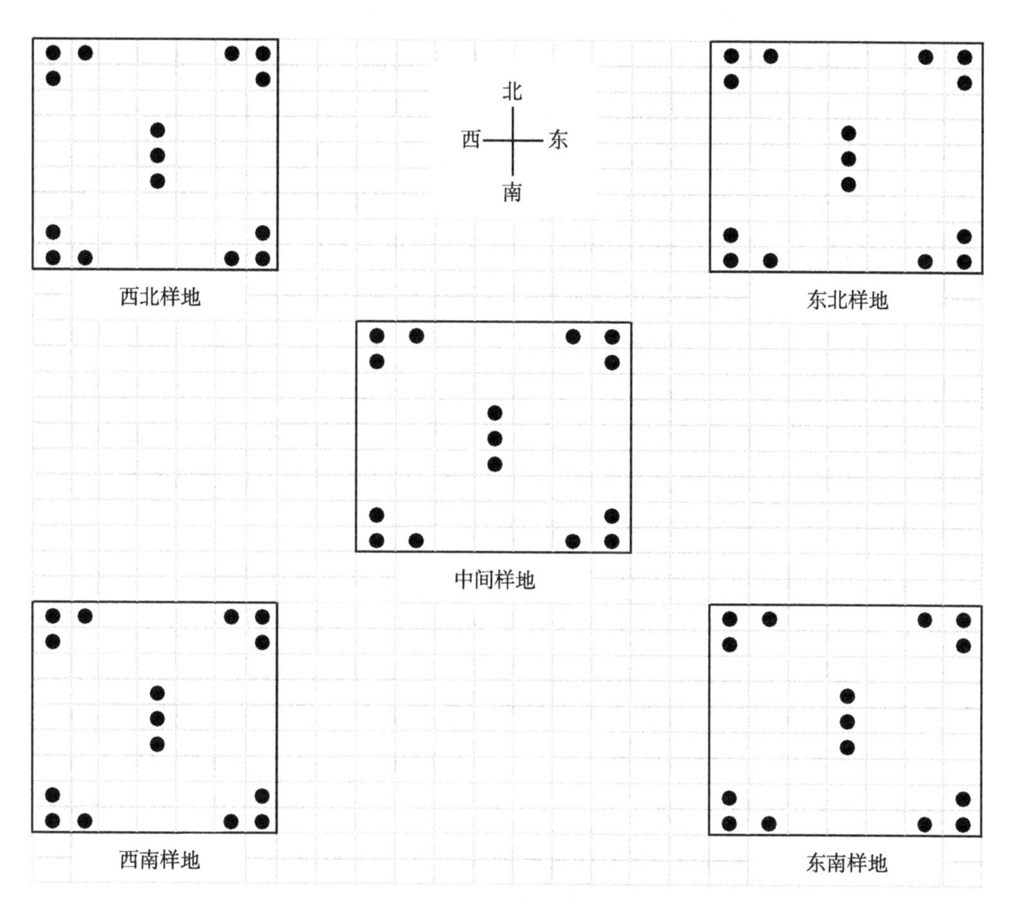

图6-1　样地分布

3. 数据处理

用Excel进行数据处理。

二、结果与分析

1. 榛子地昆虫种类变化

（1）不同样地昆虫种类变化。由表6-3可知，6—9月各个样地的昆虫以害虫为主。从样地来看，6月西南、东南、中间、西北、东北样地昆虫以鞘翅目为主；5个样地都存在鳃金龟科昆虫、丽金龟科昆虫、花金龟科昆虫白星花金龟以及夜蛾科昆虫。西南样地益虫有草蛉科、食蚜蝇科2种；东南样地的益虫有蜜蜂科、蠼螋科；中间样地的益虫有蜜蜂科；西北样地的蜜蜂科与步甲科、蜘蛛对榛子生长有益；东北样地的步甲科、十三星瓢虫为益虫。7月时5个样地昆虫以鞘翅目为主，都存在鳃金龟科昆虫以及花金龟科昆虫白星花金龟。西南、中间、东北样地上都有鳃金龟科昆虫华北大黑鳃金龟；东南与西北样地的黄鞘婪步甲为益虫，中间样地的谷婪步甲、德国黄胡蜂对榛子生长有益。8月时西南样地有鳃金龟科华北大黑鳃金龟，东北样地有花金龟科白星花金龟、胡蜂科德国黄胡蜂、寄蝇科，其余样地无昆虫。9月时中间样地有胡蜂科德国黄胡蜂，东北样地有丽金龟科、德国黄胡蜂、泥蜂科昆虫。

（2）不同时间昆虫种类变化。各个样地6—9月昆虫种类发生了变化，如表6-3所示，6—9月西南样地昆虫种类变化趋势是4目8科—1目2科—1目1科—0。随着时间变化，双翅目、鳞翅目、脉翅目昆虫消失，鳃金科黑绒金龟子消失。6—9月的东南样地昆虫种类变化趋势是4目7科—1目3科—0—0；7月时蜜蜂科、蠼螋科昆虫消失，步甲科出现。6—9月中间样地昆虫种类变化趋势是3目6科—2目4科—0—1目1科；双翅目物种消失，鳃金龟科黑绒金龟子消失。西北样地6—9月昆虫种类变化为5目9科—2目4科—0—0；蜘蛛目、鳞翅目、膜翅目昆虫消失。6—9月东北样地昆虫种类变化趋势是2目8科—1目3科—3目3科—2目3科。

表 6-3　榛子地昆虫类别（马静利等，2021）

时间	样地	目名	科名	种名	拉丁学名	害益
6月	西南样地	鞘翅目	鳃金龟科	黑绒金龟子	*Maladera orientalis*	有害
			丽金龟科	—	*Rutelidae*	有害
			鳃金龟科	—	*Melolonthidae*	有害
			花金龟科	白星花金龟	*Potosia brevitarsis*	有害
		双翅目	蝇科	家蝇	*Musca domestica*	无益
			丽蝇科	—	*Calliphoridae*	无益
			食蚜蝇科	—	*Syrphidae*	有益
		鳞翅目	夜蛾科	—	*Noctuidae*	有害
		脉翅目	草蛉科	—	*Chrysopa*	有益
	东南样地	鞘翅目	鳃金龟科	黑绒金龟子	*Maladera orientalis*	有害
			花金龟科	白星花金龟	*Potosia brevitarsis*	有害
9月			丽金龟科	—	*Rutelidae*	有害
		鳞翅目	菜蛾科	小菜蛾	*Plutella xylostella*	有害
			夜蛾科	—	*Noctuidae*	有害
		膜翅目	蜜蜂科	—	*Apoidea*	有益
		革翅目	蠼螋科	—	*Labiduridae*	有益
	中间样地	鞘翅目	鳃金龟科	黑绒金龟子	*Maladera orientalis*	有害
			丽金龟科	—	*Rutelidae*	有害
			花金龟科	白星花金龟	*Potosia brevitarsis*	有害
			鳃金龟科	—	*Melolonthidae*	有害
			叩甲科	—	*Elateridae*	有害
		膜翅目	蜜蜂科	—	*Apoidea*	有益
		双翅目	蝇科	家蝇	*Musca domestica*	无益
	西北样地	鞘翅目	鳃金龟科	—	*Melolonthidae*	有害
			丽金龟科	—	*Rutelidae*	有害
			叩甲科	—	*Elateridae*	有害
			鳃金龟科	黑绒金龟子	*Maladera orientalis*	有害
			花金龟科	白星花金龟	*Potosia brevitarsis*	有害
			步甲科	—	*Carabidae*	有益
		蜘蛛目		蜘蛛	*Araneida*	有益
		鳞翅目	夜蛾科	—	*Noctuidae*	有害
		膜翅目	蜜蜂科	—	*Apoidea*	有益
		双翅目	蝇科	家蝇	*Musca domestica*	无益
	东北样地	鞘翅目	花金龟科	白星花金龟	*Potosia brevitarsis*	有害
			瓢虫科	十三星瓢虫	*Hippodamia tredecimpunctata*	有益
			鳃金龟科	黑绒金龟子	*Maladera orientalis*	有害
			步甲科	—	*Carabidae*	有益
			丽金龟科	—	*Rutelidae*	有害
			叩甲科	—	*Elateridae*	有害
			鳃金龟科	华北大黑鳃金龟	*Holotrichia oblita*	有害
		鳞翅目	夜蛾科	—	*Noctuidae*	有害
			螟蛾科	—	*Pyralidae*	有害

（续表）

时间	样地	目名	科名	种名	拉丁学名	害益
7月	西南样地	鞘翅目	鳃金龟科	华北大黑鳃金龟	*Holotrichia oblita*	有害
			花金龟科	白星花金龟	*Potosia brevitarsis*	有害
			鳃金龟科	—	*Melolonthidae*	有害
	东南样地	鞘翅目	花金龟科	白星花金龟	*Potosia brevitarsis*	有害
			鳃金龟科	—	*Melolonthidae*	有害
			步甲科	黄鞘婪步甲	*Harpalus pallidipennis*	有益
	中间样地	鞘翅目	步甲科	谷婪步甲	*Harpalus calceatus*	有益
			鳃金龟科	华北大黑鳃金龟	*Holotrichia oblita*	有害
			花金龟科	白星花金龟	*Potosia brevitarsis*	有害
		膜翅目	鳃金龟科	—	*Melolonthidae*	有害
		鞘翅目	胡蜂科	德国黄胡蜂	*Vespula germanica*	有益
			步甲科	黄鞘婪步甲	*Harpalus pallidipennis*	有益
	西北样地		花金龟科	白星花金龟	*Potosia brevitarsis*	有害
			鳃金龟科	—	*Melolonthidae*	有害
		双翅目	金龟科	中华弧丽金龟	*Popillia quadriguttata*	有害
		鞘翅目	蝇科	家蝇	*Musca domestica*	无益
			鳃金龟科	华北大黑鳃金龟	*Holotrichia oblita*	有害
	东北样地		金龟科	—	*Rutelidae*	有害
			鳃金龟科	—	*Melolonthidae*	有害
8月	西南样地	鞘翅目	鳃金龟科	华北大黑鳃金龟	*Holotrichia oblita*	有害
	东南样地			0		
	中间样地			0		
	西北样地			0		
	东北样地	鞘翅目	花金龟科	白星花金龟	*Potosia brevitarsis*	有害
		膜翅目	胡蜂科	德国黄胡蜂	*Vespula germanica*	有益
		双翅目	寄蝇科	—	*Tachinidae*	有益
9月	西南样地			0		
	东南样地			0		
	中间样地	膜翅目	胡蜂科	德国黄胡蜂	*Vespula germanica*	有益
	西北样地			0		
	东北样地	鞘翅目	丽金龟科		*Rutelidae*	有害
		膜翅目	胡蜂科	德国黄胡蜂	*Vespula germanica*	有益
			泥蜂科	—	*Sphecidae*	有益

2. 榛子地昆虫数量变化

（1）不同样地昆虫数量变化。由表6-4可知，2019年各样地昆虫总数由多到少顺序为西南>西北>中间>东北>东南样地。6月昆虫数西北>西南>中间>东北>东南；7月西南样地昆虫数量最多为12，东南样地最少为4；8月东北样地昆虫数量为4，西南样地昆虫数为1，其余样地昆虫数为0；9月东北样地昆虫数为3，中间样地昆虫数为1，其余样地昆虫数为0。

表6-4　榛子地昆虫数量（马静利等，2021）

样地	6月	7月	8月	9月	总数
西南样地	40	12	1	0	53
东南样地	12	4	0	0	16
中间样地	36	9	0	1	46
西北样地	41	10	0	0	51
东北样地	27	6	4	3	40
总数	156	41	5	4	

（2）不同时间昆虫数量变化。由表6-4可知，随着时间的变化，5个样地在6—9月昆虫数都呈下降趋势。东南样地与西北样地昆虫数在8月与9月为0；中间样地的昆虫数在8月为0，9月为1；西南样地9月的昆虫数也为0。

三、防治措施

在对榛子园内昆虫类别调查后发现，榛子园内的昆虫大多为害虫，在研究的基础上针对害虫发生的种类及数量特征制定防、治、防治结合的科学合理的物理、化学、生物以及营林防治措施。

1. 物理措施

利用昆虫趋光性可以在黄昏后榛子地周围点火进行诱杀；利用昆虫的假死性可以用人工振落集中焚烧杀虫；利用粘板进行诱捕杀虫；根据昆虫生活周期，可以在早春时期覆盖无漏洞的地膜，阻碍害虫出土。在落叶之后，彻底清除榛子地内的落叶与杂草，破坏害虫寄居过冬的环境；在秋季土壤结冻之前，对土壤进行翻耕，消灭在土壤中过冬的害虫。

2. 化学措施

在害虫产卵之前喷施杀虫剂，减少幼虫数量；在成虫盛发时期喷施杀虫剂，减少成虫数量。对于榛子地出现的害虫喷施杀虫剂多为有触杀的菊酯类杀虫剂或者是内吸类杀虫剂。

3. 生物措施

根据调查发现，在榛子样地内有草蛉科、食蚜蝇科、蜜蜂科、蠼螋科、步甲科、蜘蛛科、十三星瓢虫科、德国黄胡蜂科等益虫，大部分益虫为捕食性昆虫。在对害虫防治时要利用益虫的生长特性，进行保护、培养与利用，利用生物天敌遏制害虫生长。

4. 营林措施

选择具有抗性的树种进行栽培，降低虫害防治难度；在榛子树生长过程中要施加有机肥，增强榛子树自身的营养水平；要对榛子树进行适宜的修剪，整顿树形，改善榛子树内部的光照与通风条件，降低病虫害发生的概率；采用生草法营林，也可在地面上创造有利于昆虫活动采食的优良环境，减少对树体的干扰破坏，是行之有效的生物防治措施之一。

四、讨论与结论

本节对2019年大果榛子园内昆虫的类别与数量调查研究后发现各样地的昆虫以鞘翅目害虫为主。5个样地都存在鳃金龟科昆虫黑绒金龟子，这与他人研究出黑绒金龟子为榛子地主要虫害结果类似（刘晓峰，2015）。西南、西北样地的昆虫数高于其余4个样地，表明西南、西北地区榛子产量受害虫影响较大，这可能与边缘效应有关，周边环境对害虫的发生有一定影响。西南与道路荒草地接近，西北与桃树经果林接近，东北及东南均是农田。5个样地内的昆虫种类与数量随着时间发展呈减少趋势，这与昆虫自身的生长周期有关。而从7月开始昆虫的种类与数量明显下降，主要原因可能是在7—9月地面生草法有良好的栖息环境和良好的食物链，相对吸引了昆虫，对榛子影响较小。由以上可知，榛子地虫害严重的样地为西南、西北样地；防治时期应以6月左右为主。

第三节 早春冻害对大果榛子坐果的影响研究

榛子又称山板栗、尖栗、棰子等，属桦木科榛属落叶灌木，是一种利用价值很高的坚果类经济树种。大果榛子果实口感好，营养丰富，含有维生素 A、B 族维生素、维生素 E 以及钙、铁等矿物质元素，具有消炎、防腐和扩张血管的作用（Fatma et al.，2003；Parcerisa et al.，1995）。目前，在欧洲榛子栽培已经实现了集约化生产，但是我国的榛子产业发展正处于起步阶段，许多基础研究还未深入展开（张宇和等，2005）。此外在各地的引种和栽培中也存在很多问题，比如引入的榛子品种冻害严重；在榛园中种植的榛子产量低、出仁率低、品质差，有“十榛九空”的现象等。

花的开放是指花粉粒和胚囊成熟、花被展开，雌蕊和雄蕊裸露出来的现象（郗荣庭，1997）。每种植物的开花又都有一定的时期和规律性，在自然条件下，春天开花的植物永远都是春季开花，秋季开花的植物都是秋季开花，其时间性每年前后不过相差几天，这就是开花物候期（曹慧娟，1992）。开花后，植物发生授粉受精，受精后的子房生长素、赤霉素、细胞分裂素的含量增加，调动营养物质向子房运输，子房便开始膨大，这就是坐果。开花坐果的影响因素包括环境因素和树木自身因素。环境因素包括光照、空气湿度、气温、土壤的水分等。树木自身因素则主要体现在雄花和雌花的生长状况、植物体内激素的调解与叶果比（郗荣庭，1997；曹慧娟，1992）。

我国榛子开花时间一般在早春 2—4 月，其中华北在 2 月，东北在 3 月末至 4 月初（郑万钧，1983）。我国东北、华北和西北榛子种植区的气候在这段时间变化剧烈，还伴有霜冻，霜冻如果发生在榛子开花后柱头活性最强的 1~2d，榛子花粉的活性和雌花柱头的活性将受到抑制，无法完成授粉，进而影响产量。榛子在授粉后一般需 5~6d 才能完成受精，期间如果发生霜冻，则不利于受精完成，导致榛子所结的果实没有果仁。目前我国榛子产区很少对榛子进行人工授粉，在条件允许的情况下，实施人工授粉将能有效提高榛子的产量和质量（李宁，2008）。在大果榛子生长发育过程中，冻害是其主要限制因素，冻害轻则造成榛子抽条现象，重则直接造成根部或地上部死亡，带来巨大经济损失。本试验旨在研究冻害对大果榛子坐果的影响，以期为榛子产业发展中的防冻害应用提供参考。

一、材料与方法

1. 试验区自然概况

试验地区位于宁夏回族自治区银川市永宁县望洪镇园林村，该地位于引黄灌区中部，属于典型的大陆性气候，生态环境相对脆弱，年平均气温 8.7℃，昼夜温差大（王昭娜等，2016），年平均降水量在 201.4mm，蒸发量为 1 470.1mm，多大风天气，沙尘暴频发。地带性土壤类型以灰钙土、淡灰钙土、灌淤土为主，地带性植被有沙枣、沙蒿、针茅等。

2. 试验方法

在永宁县望洪镇园林村榛子园内，分别随机选取 4 年生与 8 年生的大果榛子树各 20 棵，对坐果数进行记录测定。各气温数值资料均由榛子园内气象站自动收集，以 2019 年测定的坐果数作为对照。

3. 数据统计与处理

试验数据通过 Excel 2010 进行统计处理。

二、结果与分析

1. 2020 年大果榛子开花坐果期气温情况

大果榛子属于喜光性树种，耐旱、抗寒能力强，可耐-35℃的低温，但是气温在-10℃以下容易出现冻害（由美娜，2020）。从表 6-5 可以看出，2020 年 2—3 月的平均气温依次为-2.40℃、4.40℃，比 2019 年分别高出 1.75℃、2.05℃。而 2020 年 4 月平均气温、平均最高气温和平均最低气温分别为 9.6℃、19.90℃和 2.80℃，较 2019 年分别低 2.19℃、2.96℃和 4.3℃。2020 年 2—4 月和 2019 年 2—4 月的平均气温差均较大。

表 6-5　2019 年和 2020 年 2—4 月榛子园内的气温参数　单位：℃

年份	月份	平均气温	平均最高气温	平均最低气温	平均气温差
2020	2 月	-2.40	8.60	-8.00	16.70
2019		-4.15	4.59	-8.45	13.04

（续表）

年份	月份	平均气温	平均最高气温	平均最低气温	平均气温差
2020	3月	4. 40	13. 80	−0. 80	14. 70
2019		2. 35	12. 76	−2. 41	15. 18
2020	4月	9. 60	19. 90	2. 80	17. 10
2019		11. 79	22. 86	7. 10	15. 76

2. 不同树龄大果榛子坐果数情况

由图6-2可以看到，4年生的大果榛子2020年与2019年的坐果数相同，由于榛子树一般在种苗3~4年开始坐果，因此气温对4年生大果榛子的坐果影响不明显。2020年8年生的大果榛子平均坐果数为127个/株，相比2019年增产97个/株，其坐果数增加将对大果榛子总产量以及经济效益造成直接影响。

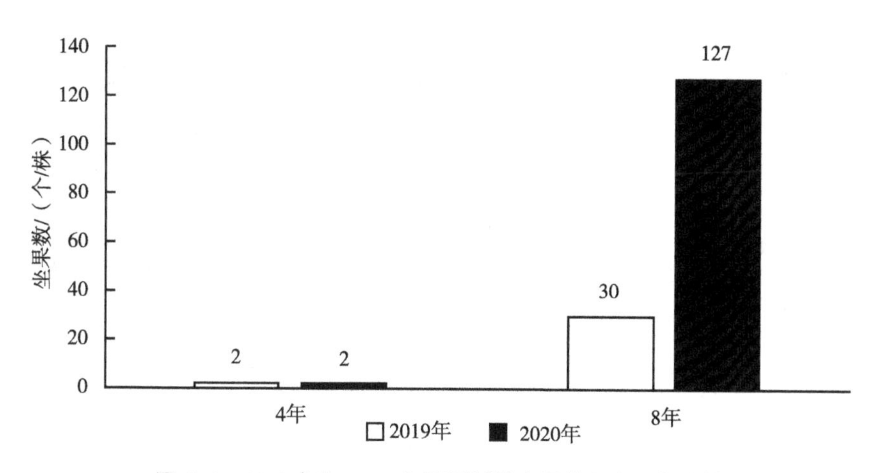

图6-2　2019年和2020年不同树龄大果榛子坐果数比较

3. 冻害对大果榛子坐果的影响

由图6-3可知，冻害主要发生在2020年4月3—4日大果榛子的花期，最低气温分别为-0.4℃和-0.7℃。此外，12日和24日的最低气温也均处于0℃以下。相比较2019年4月的最低气温，除1日以外，其余29d的日最低气温均在0℃以上。因此，24日的低温冻害对大果榛子坐果产生了一定的影响。

分别对榛子园内2020年4月24日0.2m和2m高度大气温度进行了全天监测，如图6-4所示，大气温度呈先降低后升高再下降的趋势。7:00之前，0.2m

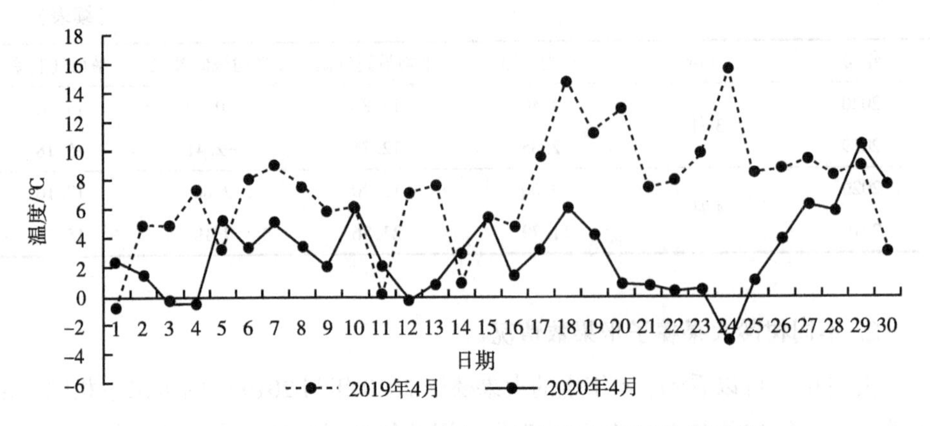

图 6-3　2019 年 4 月和 2020 年 4 月榛子园内最低气温变化

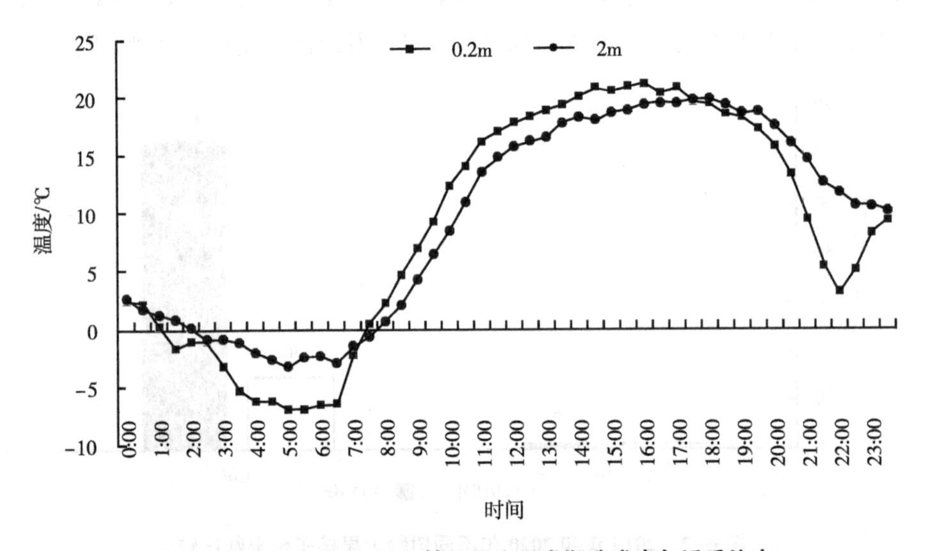

图 6-4　2020 年 4 月 24 日榛子果实形成期造成当年近乎绝产冻害 0.2m 和 2m 高度 24 小时气温变化

高度的温度明显低于 2m 高度，7:30 之后，0.2m 高度的温度高于 2m 高度，19:00之后又明显降低。0.2m 高度的温度从凌晨 1:30 开始处于 0℃以下，5:00—5:30 温度最低为-6.9℃。0℃以下低温持续 5h 以上，之后开始缓慢上升，7:30 时温度大于 0℃，之后上升至 20.9℃（17:00）。而 2m 高度的温度从凌晨 2:00 开始 0℃以下，5:00 温度最低为-3.2℃，高于 0.2m 高度，且 0℃以下低温持续时间短，8:00 温度大于 0℃，之后上升至 19.9℃（18:00）。本次低温天气对榛子坐果影响较大，是当年榛子绝产的主要原因。

三、防寒防冻措施

在宁夏永宁榛子果序形成的 4 月底前最易发生晚霜冻害，在最低气温 -3.2℃，0℃以下持续 5h 左右就可造成毁灭性的冻害。在春季开花期，要根据气象预报，当气温降至 5℃时即需防冻。

1. 选用抗性强的品种

如达维（育种代号 84-254）、玉坠（育种代号 84-310）。

2. 喷涂防寒剂

冻害发生前喷 0.04%的芸薹素、涂 10%的聚乙烯醇、100 倍高脂膜、100 倍羧甲基纤维素等防寒剂对防寒效果显著，虽会产生一些物资成本，但对于大面积果园来说，人工成本大大降低。冻害发生后，喷施 0.17%的氨基酸叶面肥恢复。

3. 涂白

主枝干涂白或用 7%~10%的石灰液喷树冠，均可延迟花期 3~5d。用毛刷均匀涂抹在树干、大枝及分杈处，每年涂白 2 次，第 1 次在落叶后至土壤封冻前，第 2 次在早春气温 2℃以上时进行，以防涂白后结冰。涂白有利于对日光的反射，使日光直射处的温度上升慢，白天与黑夜温度变化相对稳定，减轻反复冻化的情况（曹淑云等，2016）。

4. 强壮树势，提高树体抗寒能力

生产树禁止育苗，保持合理密度，幼果期对长势较弱的树或果枝适当疏果，新梢生长后期，摘除旺枝生长点。花果管理方面，采用去除雄花序的方法。在保证充足花粉的情况下，于 6 月去除雄花序，相当于减少了树体营养物质的消耗和水分的散失，使得树体在越冬时有充足的营养物质和水分，从而减少冻害的发生（曹淑云，2017）。

修剪方面，采用摘心的夏剪方法。8 月底若枝条仍未停长，则通过摘心的方法，使其及时停长，以促进枝条成熟。

5. 水肥管理

生长前期增加肥水，后期控制肥水，适当增加磷钾肥使用量，控制氮肥。

避免选择低洼地势及经常出现霜冻地区建园，选雌花开花晚的品种，春季花期前灌水 2~3 次，可延迟开花 1~3d，连续定时喷水可延迟 7~8d 开花。

6. 发烟防霜冻

用易燃的干草、秸秆等，与潮湿的落叶、草根、锯屑分层交互堆起，外面再覆盖一层土，中间插上木棒，以利于点火出烟，发烟堆不高于 1m。发烟堆要分布于榛园四周和内部。也可用配制的防霜烟雾机防霜冻，效果很好。烟雾剂的配方为：硝酸铵 20%、锯末 70%、废柴油 10%。将硝酸铵磨碎，锯末过筛，锯末越细发烟越浓，持续放烟时间越长。霜冻来临之前，将配料按比例混合放入铁桶或纸筒内，根据风向放置药剂，待霜降前点燃，可提高温度 1~1.5℃，烟雾保持 1h 左右。周边要有 3 人及以上防火人员，做到有火不离人，要与周边林带、枯草等有相当距离的安全隔离，要有充分的消防设备和措施保障，如有 3 级以上的风随即灭火。

综上，冻害对大果榛子坐果有着相当严重的负面影响，应采取相应的防寒防冻措施，以降低冻害损失，提高坐果数。

第七章　宁夏大果榛子引种栽培综合效益研究

第一节　宁夏引黄灌区不同种植年限榛子对土壤养分的影响

一、样品采集

试验地位于宁夏回族自治区银川市宁夏引黄灌区永宁县望洪镇园林村 6 年生榛子地，林地土壤为 20 年前左右流动沙丘机械平整后开垦的灌溉农田。取样深度分别为 0～20cm、20～40cm、40～60cm，于 2019 年 4 月中旬取样阴干后送检。

二、测试结果

1. 榛子地土壤 pH 值变化

由图 7-1 可知，3 年生与 6 年生榛子地的 pH 值在 8 以上。在 20～40cm、

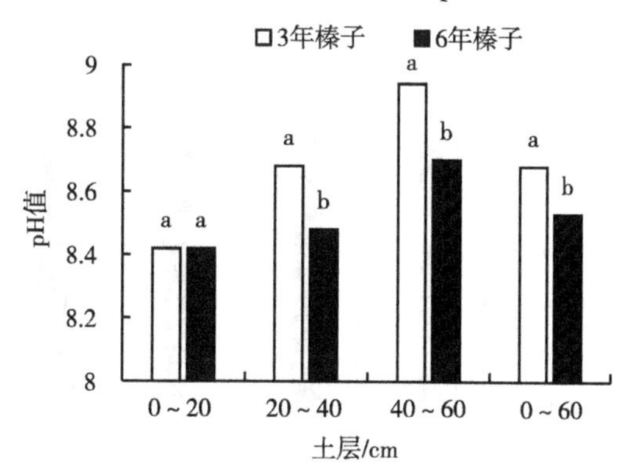

图 7-1　不同年限土壤 pH 值变化

注：不同小写字母表示同一土层不同年限差异显著，下同。

40~60cm、0~60cm 深度上，3 年生榛子树的 pH 值高于 6 年生榛子树，随着榛子树年限增加，pH 值下降。在 0~20cm 土层上，3 年生榛子树与 6 年生榛子树土壤的 pH 值之间差异不显著。

由图 7-2 可知，3 年生榛子树与 6 年生榛子树的土壤 pH 值在 40~60cm 处最高，在 0~20cm 处最低，3 个土层的 pH 值存在显著差异（$P<0.05$）。随着土层深度增加，3 年生与 6 年生榛子土壤 pH 值随之增加。

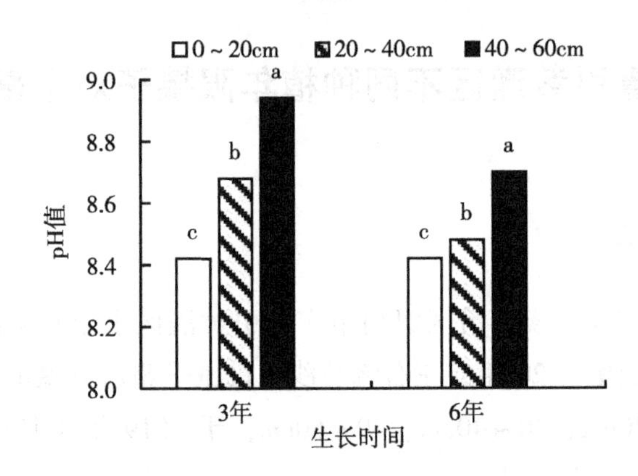

图 7-2 不同土层土壤 pH 值变化

2. 榛子地土壤电导率变化

由图 7-3 可知，20~40cm、40~60cm、0~60cm 土壤深度，3 年生榛子树的电导率低于 6 年生榛子树电导率；随着榛子树年限增加，土壤电导率也随之增

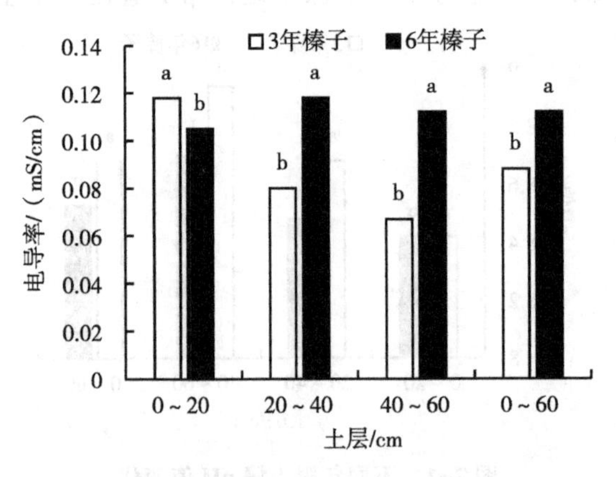

图 7-3 不同年限土壤电导率变化

加。0~20cm 土深，3 年生榛子土壤电导率高于 6 年生榛子，两者之间存在显著差异（$P<0.05$）；随着榛子年限增加，土壤电导率下降。

由图 7-4 可知，3 年生榛子的土壤电导率数值在 0~20cm 处最高，在 40~60cm 最低，各土层间的电导率存在显著差异（$P<0.05$）；随着土层加深，土壤电导率数值下降。6 年生榛子电导率数值在 20~40cm 处最高，在 0~20cm 处最低。随着土壤深度增加，电导率数值呈先增加后减小趋势。

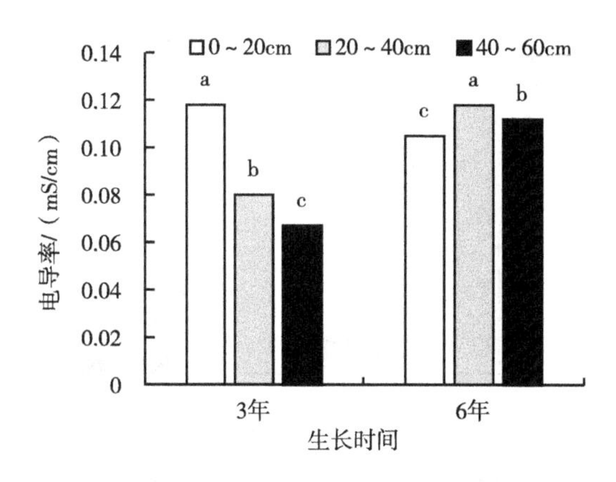

图 7-4　不同土层土壤电导率变化

3. 榛子地土壤有机质变化

由图 7-5 可知，0~20cm、20~40cm、0~60cm 深度上，3 年生榛子的土壤有机质含量高于 6 年生榛子地土壤有机质含量；随着榛子地年限增加，有机质含

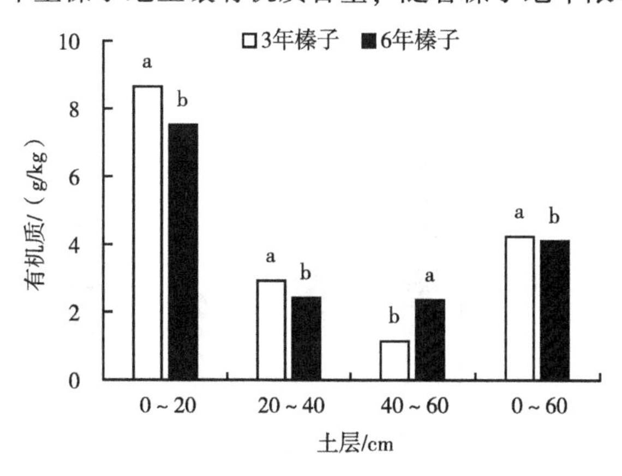

图 7-5　不同年限土壤有机质变化

量呈下降趋势。40~60cm，6 年生榛子土壤有机质含量高于 3 年生榛子土壤有机质含量，两者之间差异显著（$P<0.05$）。

图 7-6 表明，3 年生榛子地土壤有机质含量在 0~20cm 处最高，在 40~60cm 处最低，3 个土层间的有机质含量存在显著差异（$P<0.05$）；随土层加深，3 年生榛子地的有机质含量呈下降趋势。6 年生榛子地有机质含量在 0~20cm 最高，与 20~40cm、40~60cm 土层有机质含量差异显著。

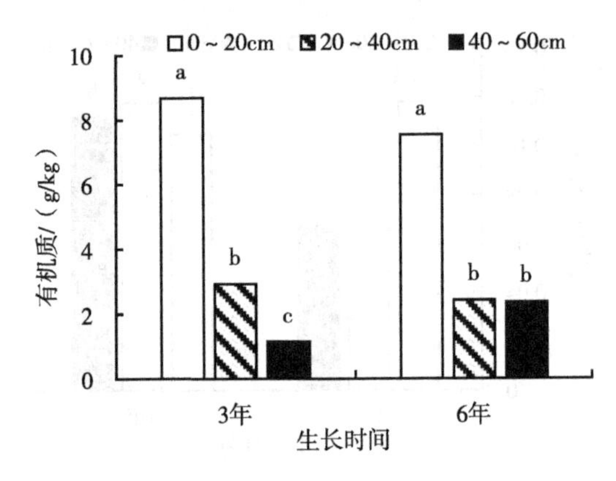

图 7-6　不同土层土壤有机质变化

4. 榛子地土壤全氮变化

由图 7-7 可知，20~40cm、40~60cm、0~60cm 深度，3 年生榛子的土壤全氮含量低于 6 年生榛子，两者全氮含量之间存在显著差异（$P<0.05$）。随着榛子

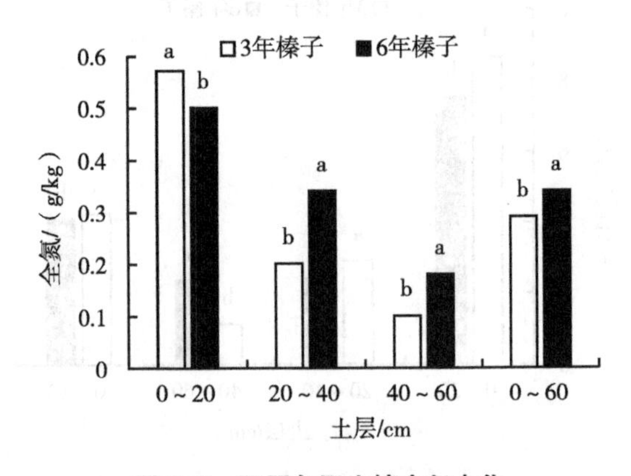

图 7-7　不同年限土壤全氮变化

年限增加，全氮含量呈增加趋势。0~20cm 深度，3 年生榛子的土壤全氮含量高于 6 年生榛子全氮含量；随着榛子年限增加，全氮含量呈降低趋势。

由图 7-8 可知，3 年生与 6 年生榛子的土壤全氮含量在 0~20cm 处最高，在 40~60cm 处最低，3 个土层的土壤全氮含量差异显著（$P<0.05$）；随着土壤深度增加，土壤全氮含量呈降低趋势。

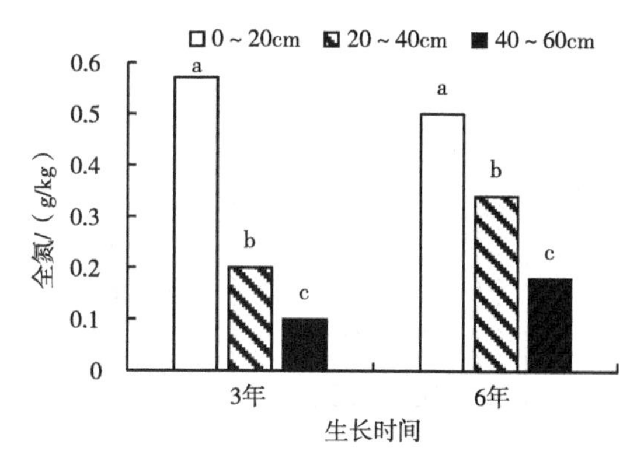

图 7-8　不同土层土壤全氮变化

5. 榛子地土壤全磷变化

由图 7-9 可知，20~40cm、40~60cm、0~60cm 深度，3 年生榛子的土壤全磷含量低于 6 年生榛子；两者之间存在显著差异（$P<0.05$）；随着年限增加，全磷含量也增加。0~20cm 土壤深度上，3 年生榛子的土壤全磷含量高于 6 年生榛

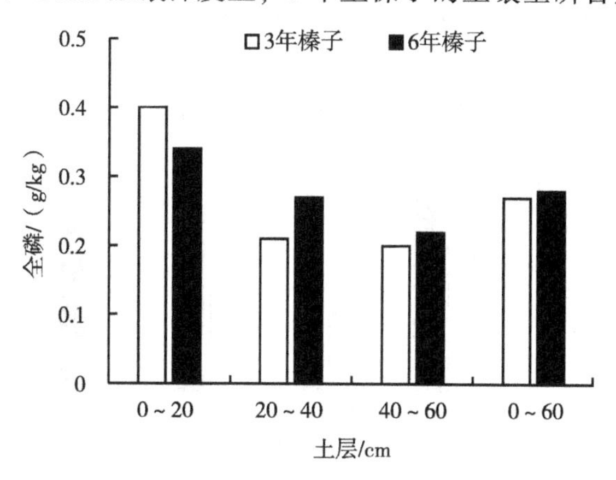

图 7-9　不同年限土壤全磷变化

子，两者之间存在显著差异。

由图 7-10 可知，3 年生榛子的土壤全磷含量在 0~20cm 处最高，与 20~40cm、40~60cm 间差异显著（$P<0.05$）。6 年生榛子的土壤全磷含量在 3 个土层间存在差异（$P<0.05$），随着土壤深度增加，全磷含量呈降低趋势，0~20cm 处最高，40~60cm 处含量最低。

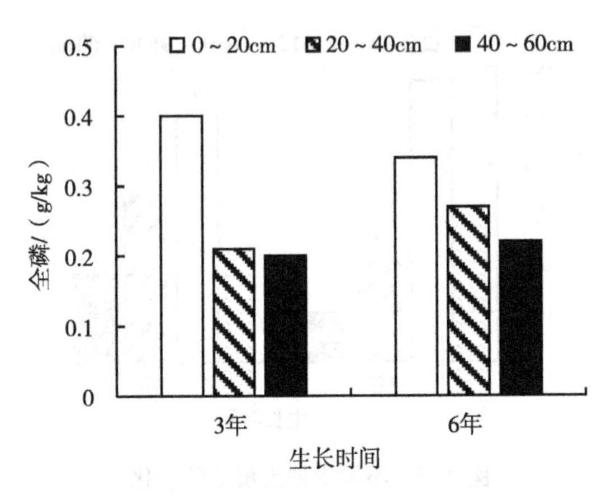

图 7-10　不同土层土壤全磷变化

6. 榛子地土壤全钾变化

由图 7-11 可知，0~20cm、20~40cm、40~60cm、0~60cm 4 个土壤深度中，6 年生榛子的土壤全钾含量均高于 3 年生榛子含量，不同年限的榛子土壤全钾含量间存在显著差异（$P<0.05$）；随着榛子年限增加，土壤中全钾含量也随之增加。

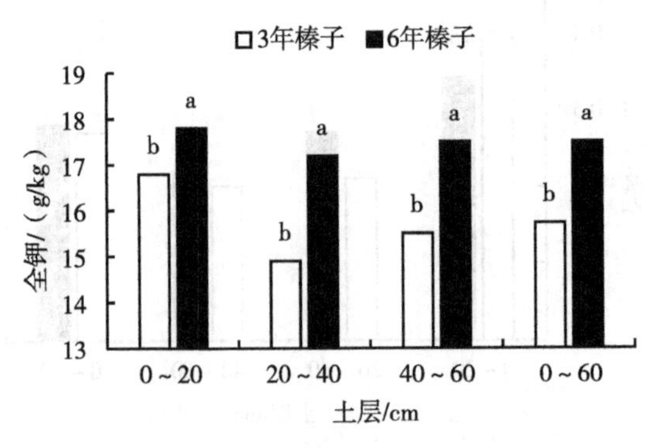

图 7-11　不同年限土壤全钾变化

图 7-12 表明，3 年生榛子的土壤全钾含量在 0~20cm 处最高，20~40cm 处最低，3 个土层全钾含量由高到低为 0~20cm>40~60cm>20~40cm；6 年生榛子的土壤全钾含量在 0~20cm 处最高。随着土层加深，3 年生与 6 年生榛子的全钾含量都呈现出先减少后增加趋势。

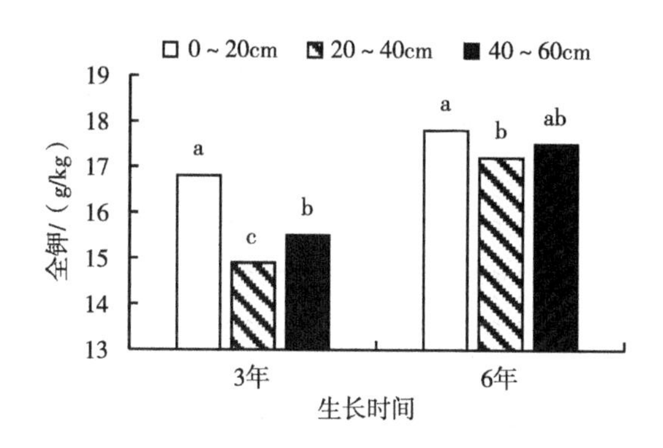

图 7-12　不同土层土壤全钾变化

7. 榛子地土壤速效氮变化

由表 7-1 可知，20~40cm、40~60cm、0~60cm 土壤深度，3 年生榛子的土壤速效氮含量远低于 6 年生榛子地，两者之间存在显著差异（$P<0.05$）。随着年限增加，土壤速效氮含量也随之增加。在 0~20cm 深度上，3 年生榛子的土壤速效氮含量高于 6 年生榛子；两者之间存在显著差异（$P<0.05$）。

3 年生榛子的速效氮含量在 0~20cm 处最高，40~60cm 处最低，3 个土层的速效氮含量存在显著差异；且随着土层深度加深，速效氮含量呈降低趋势。6 年生榛子的土壤速效氮含量在 20~40cm 处最高，在 40~60cm 处最低；3 个土层速效氮含量由高到低为 20~40cm>0~20cm>40~60cm。随着土层深度增加，速效氮含量呈先增加后降低趋势。

8. 榛子地土壤速效磷变化

由表 7-1 可知，0~20cm、20~40cm、40~60cm、0~60cm 土层，3 年生榛子的土壤速效磷含量高于 6 年生榛子的土壤速效磷含量；随着榛子年限增加，速效磷含量呈降低趋势。

表 7-1　榛子地速效养分含量　　单位：mg/kg

速效养分	土层	3 年生榛子	6 年生榛子
速效氮	0~20cm	39.67±0.33aA	32.00±0.58bB
	20~40cm	22.33±0.33bB	35.00±0.58aA
	40~60cm	11.00±0.00bC	13.00±0.58aC
	0~60cm	24.33±0.00b	26.67±0.58a
速效磷	0~20cm	11.10±0.06aA	4.89±0.03bA
	20~40cm	3.73±0.11aB	2.32±0.00bB
	40~60cm	1.95±0.05aC	1.48±0.06bC
	0~60cm	5.59±0.03a	2.90±0.01b
速效钾	0~20cm	105.00±0.00aA	80.33±0.33bA
	20~40cm	34.33±0.33bB	51.00±0.00aB
	40~60cm	19.67±0.33bC	51.67±0.33aB
	0~60cm	53.00±0.19b	61.00±0.19a

注：同行不同小写字母表示不同年限榛子树速效养分含量存在差异，同列不同大写字母表示同一年限榛子不同土层的速效养分含量存在差异（$P<0.05$）。

综上所述，无论是 3 年生榛子还是 6 年生榛子速效磷含量都在 0~20cm 最高，40~60cm 处最低，3 个土层速效磷含量存在显著差异（$P<0.05$）；随着土壤深度的增加，速效磷含量随之降低。

9. 榛子地土壤速效钾变化

由表 7-1 可知，不同年限榛子树土壤的速效钾含量存在差异。20~40cm、40~60cm、0~60cm 土层深度，6 年生榛子的速效钾含量高于 3 年生榛子；0~20cm 深度 3 年生榛子速效钾含量高于 6 年生榛子地。

3 年生榛子地在 0~20cm 土层土壤速效钾含量最大，40~60cm 最小；随着土层加深，速效钾含量呈降低趋势。6 年生榛子的土壤速效钾含量在 0~20cm 土层处最大，与 20~40cm、40~60cm 土层的速效钾含量存在显著差异（$P<0.05$）。

三、讨论与结论

一是对比分析可知，3 年生与 6 年生榛子地的 pH 值均在 8 以上，3 年生 pH 值高于 6 年生；随着榛子树年限增加，土壤电导率数值也随之增加；6 年生榛子树电导率高于3年生，而土壤有机质含量为3年生榛子高于6年生，随着榛子地年限增加，有机质含量呈下降趋势。3年生榛子的土壤全氮含量低于6年生榛子，两者全氮含量之间存在显著差异（$P<0.05$）；全磷含量也低于6年生榛子，两者之间存在显著差异（$P<0.05$）；3年生榛子的土壤全钾含量低于6年生榛子含量，不同年限的榛子土壤全钾含量间存在显著差异（$P<0.05$）；3年生榛子的土壤速效氮含量远低于6年生榛子地土壤速效氮含量，两者之间存在显著差异（$P<0.05$）；而速效磷含量高于6年生榛子地；速效钾含量又低于6年生榛子林地。

二是在检测的常规8项土壤养分指标中，除了有机质、速效磷以外，其他指标3年生榛子林地养分含量均高于6年生，其中全氮、全磷、全钾、速效氮含量均差异显著。由于种植过程中外源肥料的不断输入，加上榛子自身对风沙土改良效应，以及林地枯落物不断增加，土壤养分条件日趋改良。由此可见，随着种植年限的增加，榛子地土壤养分呈现显著增加的趋势，说明榛子地种植对风沙土壤的改良是有益的。

第二节 榛子园建设对小气候的影响

一、监测方法与主要监测指标

试验监测地位于宁夏回族自治区银川市宁夏引黄灌区永宁县望洪镇园林村6年生榛子地，林地土壤为20年前左右流动沙丘机械平整后开垦的灌溉农田。选用湖北武汉新普惠生产的PH-1型小气候及空气质量监测仪器。自2018年起，持续开展了重点监测区域小气候、空气质量、负氧粒子等监测研究。监测指标涉及空气质量、小气候、土壤环境等32个指标。同时，分别在邻近的灵武马鞍山林场、大武口舍予园、中卫沙坡头等环贺兰山区域及银川周边建立同类监测场3个，开展同期同指标监测，对比分析不同区域、不同土地利用类型对小气候及空气质量、降尘等的影响。小气候指标主要有人工林地风速、风向、空气温度与湿度、降水量、日照辐射等主要气象因素；空气质量指标主要有PM2.5、PM10、TSP、降尘、负氧粒子浓度等空气质量监测指标；土壤环境指标主要有不同深度土壤温度、土壤湿度、土壤盐分等土壤条件，以及环银川城区域降尘主要金属元素相似性研究。从耕地质量、空气质量情况、小气候、土壤盐渍化等方面综合评价基地建设带来的正负效应，并找出现有管理模式中对环境质量潜在危险的因素，提出了解决方案。为监测分析评价不同人工林地、不同土地利用类型提供研究监测依据，为全面开展相关生态功能监测与效益评价奠定了坚实的基础。

二、榛子林地及环银川城市周边小气候差异监测结果

1. 榛子林地及环银川周边风速差异

由图 7-13 可知，2019 年 2—11 月，马鞍山造林区的风速高于中卫、大武口舍予园、永宁榛子园的风速数值。2019 年 1 月中卫地区的风速高于其他 3 个地区的风速数值。2019 年 12 月至 2020 年 1 月，永宁榛子园的风速高于其余 3 个地区；大武口舍予园的风速一直低于其余 3 个地区。

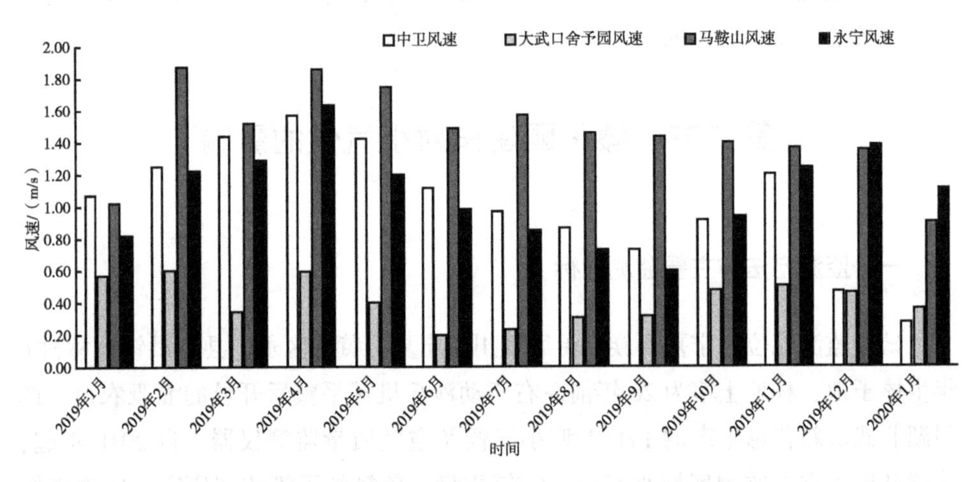

图 7-13　榛子林地及环银川周边风速差异

2. 榛子林地及环银川周边大气温度、大气湿度差异

由图 7-14 可知，2019 年 2—8 月，2019 年 11 月至 2020 年 1 月中卫地区的大气温度高于其他 3 个地区的温度。2019 年 2 月、2019 年 10 月大武口舍予园的大气温度高于其他地区。2019 年 2—8 月，2019 年 11 月至 2020 年 1 月，大武口舍予园大气湿度高于其他 3 个地区。2019 年 9 月与 10 月中卫的大气湿度高于其他地区（图 7-15）。

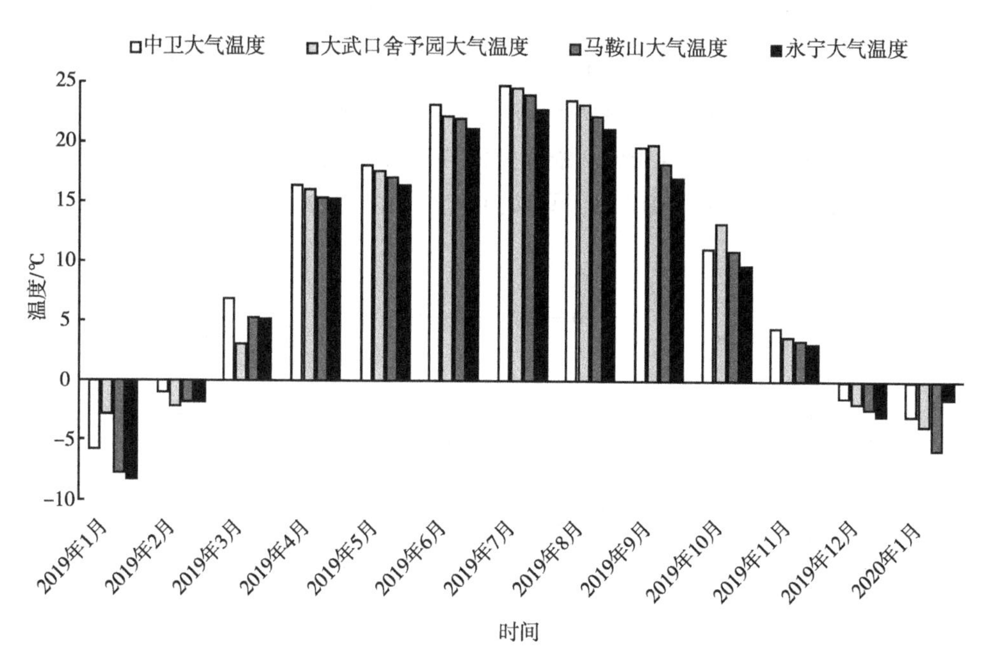

图 7-14　榛子林地及环银川周边大气温度差异

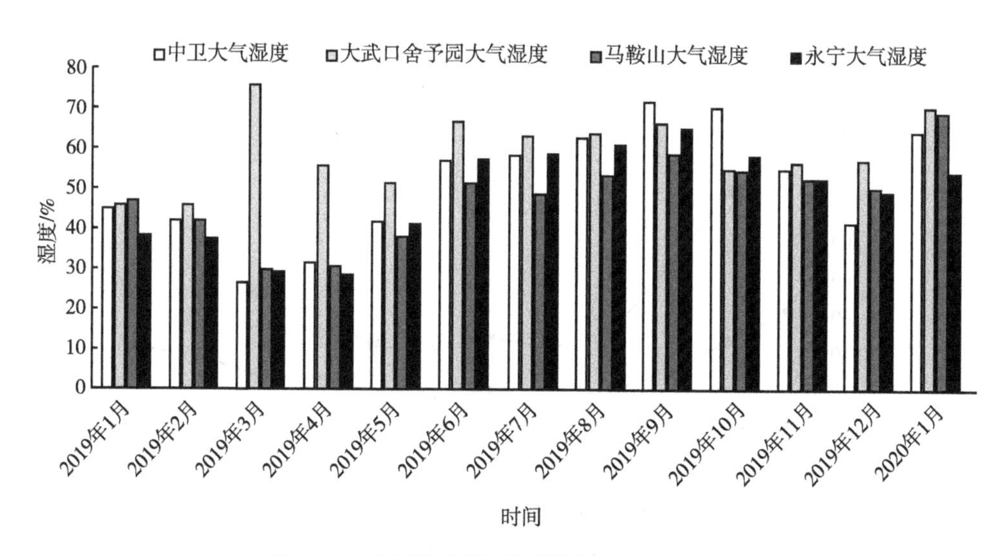

图 7-15　榛子林地及环银川周边大气湿度差异

3. 榛子林地及环银川周边 PM2.5、PM10 差异

由图 7-16 可知，在整个试验期，两地的 PM2.5 总体呈先降后升趋势，其中永宁榛子园林地的 PM2.5 始终大于马鞍山林地的 PM2.5，2019 年 12 月永宁地区 PM2.5 达最大。2019 年 PM10 浓度变化与 PM2.5 的变化相似，均为先降后升趋势，且永宁榛子园的 PM10 高于马鞍山地区（图 7-17）。

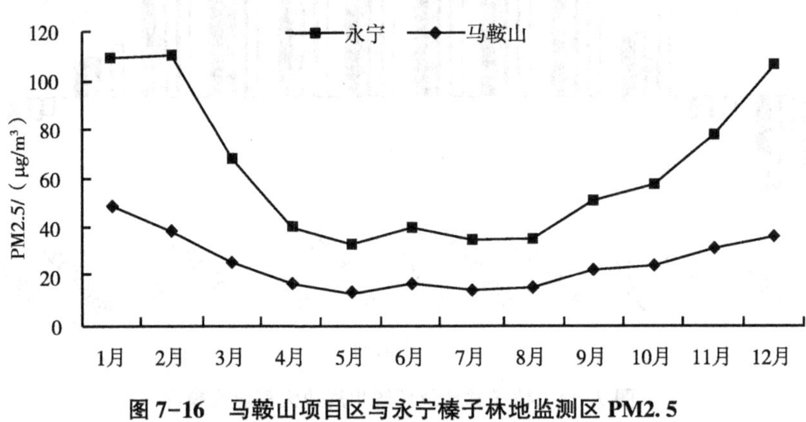

图 7-16　马鞍山项目区与永宁榛子林地监测区 PM2.5 年动态变化规律对比

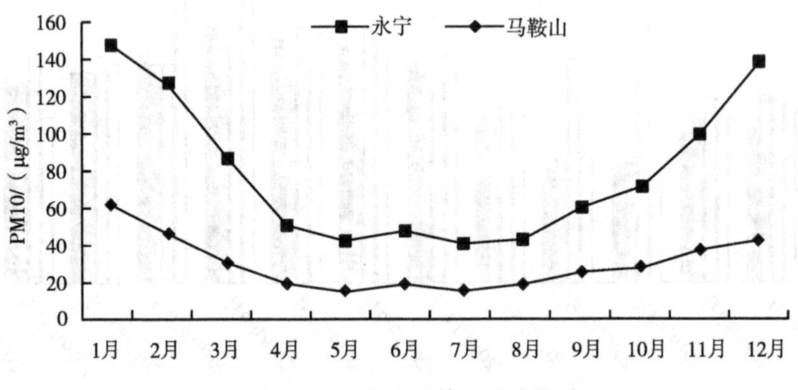

图 7-17　马鞍山项目区与永宁榛子林地监测区 PM10 年动态变化规律对比

第三节　不同林龄榛子产量及经济效益比较

随机选取 100 个榛子对单果重量进行测定，得出榛子的单果鲜重为 3. 03g，风干单果重量为 2. 05g，以此为依据计算榛子亩产产量（表 7-2）。

表 7-2　榛子单果重量　单位：g

重量	第一组数据	第二组数据	第三组数据	平均值
鲜重量	3. 24	2. 92	2. 94	3. 03
风干重量	2. 25	1. 93	1. 98	2. 05

对永宁榛子园中不同树龄的榛子树随机调查了果序个数，每个树龄抽查了 45 株。

表 7-3 可知，不同树龄年限榛子的亩产量有着较大变化。由于受榛子自身生长习性的影响，榛子树在前 2 年并不结果，从第 3 年开始才有少量结果。随着榛子树龄的增加，其亩产量也呈增加趋势，6 年生的榛子的鲜果亩产量与风干果产量都高于 3~4 年生与 5 年生榛子树。3 年生的榛子树的鲜果亩产量只有 0. 69kg，而风干果的亩产量只有 0. 47kg。5 年生榛子树鲜果亩产量达到了 83. 75kg，风干果亩产量为 56. 70kg；6 年生鲜果亩产量为 88. 65kg，风干果亩产量为 60. 02kg。

表 7-3　不同树龄榛子亩产量　单位：kg

指标	树龄			
	3 年生	4 年生	5 年生	6 年生
鲜果产量	1. 54	6. 44	103. 37	128. 16
	0. 29	2. 74	61. 85	80. 76
	0. 24	2. 69	86. 03	57. 03
平均值	0. 69	3. 96	83. 75	88. 65
风干果产量	1. 04	4. 36	69. 98	86. 77
	0. 20	1. 85	41. 87	54. 68
	0. 16	1. 82	58. 24	38. 61
平均值	0. 47	2. 68	56. 70	60. 02

表 7-4　榛园经营效益分析（王克瀚，2019）

年份	投入成本/元	间种收入/元	果实收入/元	苗木补贴/元	净收入/元
第 1 年	1 200	300	—	500	-400
第 2 年	300	300	—	—	0
第 3 年	300	300	198（36 元/kg×5. 5kg）	—	198
第 4 年	300	—	1 386（36 元/kg×38. 5kg）	—	1 086
第 5 年	400	—	2 700（36 元/kg×75kg）	—	2 300
第 6 年	500	—	4 500（36 元/kg×125kg）	—	4 000
第 7 年	500	—	7 200（36 元/kg×200kg）	—	6 700

按照王克瀚（2019）综合调查分析表明，榛子园建园第 3 年开始，净收为正，以后逐年增加，第 6 年及第 7 年，分别可实现净收入 4 000 元/亩、6 700 元/亩，经济效益相对较高（表 7-4）。

多年引种监测表明，和其他经果林类似，榛子母树由于受上年水肥管理、压条繁殖、冻害病虫害、品种抗逆性差异等客观条件影响和条件制约，在产量上也容易出现大小年现象。因此，在冻害防治，特别是早春冻害防治、品种选择、水肥管理和病虫害防治上，一定要注意科学施策。品种选择上，通过对中国北方大部分地区推广应用表明，达维品种无论从产量、抗逆性、商品性、抗病虫害等方面，均优于其他品种，推荐大面积使用。对用于生产的母树，禁止压条育苗，中后期严格控制水肥管理，特别是氮肥施用。

第四节　宁夏榛子引种栽培综合效益分析

一、榛子经济效益

1. 榛果产量及效益

调查可知不同树龄年限榛子的亩产量有着较大变化。榛子树从第 3 年开始才有少量结果。3 年生榛子树的亩产鲜果产量只有 0. 69kg，而风干果的亩产量只有 0.47kg。5 年生榛子树鲜果亩产量达到了 83.75kg，风干果亩产量为 56.70kg；6 年生一亩的鲜果产量为 88.65kg，风干果产量为 60.02kg。以 6 年生榛子树为例，按照 60.02kg 产量，按照 70 元/kg 效益计算，亩果实产值 60.02kg × 70 元/kg = 4 201.4元。随着榛子树龄的增加，其亩产量也呈增加趋势，6 年生榛子的鲜果亩产量与风干果产量都高于 3~4 年生与 5 年生榛子树。

2. 间套种收入

根据 2019 年间套种结果看，每亩还可实现1 000元左右的间套种收入。

3. 压条育苗收入

根据 2019—2020 年压条育苗情况，每亩每年至少可产 500~1 000株成品苗木，按照 8 元/株×500 株计算，每亩至少可产生4 000元的收入。

4. 总经济效益

据上所知，每亩经济效益为榛果4 201元+1 000元间套种+压条育苗4 000元，合计9 201元/亩，但按照现有的生产条件，从有效保护基地苗木可持续经营角度来看，实施以榛果产量为主的目标栽培，就不提倡压条育苗。因此，亩经济效益至少可保证5 201元，远远高于玉米等常规经济作物，同时，榛子还可很好地规避桃、李、杏等鲜果短期贮藏保鲜等问题，采收等也相对较集中，好采，是很好的经济、生态兼用树种。

二、榛子生态效益

榛树的根系强大，相互交错，能够防止水土流失，并且抗旱能力强，可以起到固土保水与防风固沙的作用，有些品种如平榛整齐清秀，可以作为绿篱，既可以美化环境，又能生产果实，是很好的荒山绿化和园林绿化树种，充分体现了生态效益和经济效益相结合的优势（张罡，2017）。

通过项目的推广示范，能够有效减少本地区沙化土地数量，减弱沙尘危害，美化了水系及周边环境，间接治理了水土流失，项目推广中只针对小范围土地进行平整。种植过程中，榛子树病虫草害少，对农药的需量不大，施肥过程中采取填充生物绿肥，将对土壤造成的污染控制最低，可有效地保持生态环境和农业生产的可持续发展。

三、榛子社会效益

大果榛子是果材兼用的优良树种，建园成本低、容易管理、见效快、销路广，栽培一次性投入，二三十年受益，稳产增产，具有较好的社会效益。从各地的经验看，发展榛子产业，既解决了林粮争地的矛盾，又能获得长期稳定的种苗和果品收益。不仅能够使农民获得较好的收入，还能在行间套种矮株经济作物，实现树下、树上综合效益。将对丰富当地经济林产业、拓展群众增收渠道、有效解决剩余劳动力、实现精准扶贫提供技术支撑。

第八章　宁夏大果榛子引种栽培主要研究结果及产业前景展望

第一节　大果榛子育苗及生长表现研究

2012年引进的大果榛子杂交品种‘辽榛3号’‘辽榛7号’‘B-21’‘达维’和‘玉坠’，各品种均表现良好的适应性，针对不同品种生长表现，本试验调查了6年生大果榛子45株，分别有11株‘辽榛3号’、10株‘辽榛7号’、15株‘B-21’、5株‘达维’和4株‘玉坠’。调查得出，‘达维’品种的株高和地径最大，分别为223.00cm和38.74mm，‘玉坠’的分枝数最大，为15.00个，相比‘辽榛7号’的株高、地径及分枝数最小，‘玉坠’品种的萌枝高于其他4个品种，相反萌枝地径和萌枝数最小。

一、开展了不同规格1年生大果榛子苗木移栽成活率相关性研究

大果榛子具有高抗寒、耐贫瘠的特性，广泛种植具有良好的经济、社会、生态效益。以1年生大果榛子苗木为研究对象，对不同榛子苗生长变异特征进行分析。结果表明，随着苗木等级的下降，地径、株高、生物量、成活率呈下降趋势，变异系数呈上升趋势。不同等级的当年生榛子苗成活率有明显的差距。Ⅳ级苗的成活率只有12.50%，Ⅲ级当年生榛子苗的成活率为75.56%。Ⅰ级苗与Ⅱ级苗的成活率高达95%以上；Ⅰ级苗的成活率高达100%。随着苗木等级的下降，当年生榛子苗的成活率也随之下降。综合各因素考虑，选取地径>1.0cm，株高>33cm的1年生榛子苗为优质苗，其中地径>1.4cm，株高>46cm的苗木为特优苗。

二、开展了宁夏引黄灌区不同树龄大果榛子生长表现研究

通过对不同树龄大果榛子树的株高、地径、冠幅、分枝数、果序等生长特性的观察与分析，研究榛子在不同树龄阶段的生长表现，为宁夏地区大果榛子的引进及后期苗木的管理提供初步理论依据。在宁夏永宁县分别对当年生苗、2年、3年、4年、5年、6年的大果榛子树的生长表现及性状研究得出以下结论：一是中苗和大苗的存活率较高，移栽苗木以2年最佳；二是不同树龄之间冠幅差异较大，但分枝数之间无明显差异；三是根据生物量的预测，榛子树的生物量随年份的推移而增加，但5年生物量下降；四是1~6年榛果的壳鲜重、苞鲜重以及仁鲜重之间有着显著相关性，与植株性状之间的相关性较小。综合苗木的各考虑因素以及投资成本，在宁夏地区进行榛苗移栽时，建议使用2年苗木。

三、开展了不同修剪方式对大果榛子生长与光合特性的影响研究

以宁夏引黄灌区永宁县榛子园内的5年平欧杂种榛为试验材料，研究其在对照（未修剪）、轻剪、中剪、重剪下生长、光合特性的变化趋势，探索平欧杂种榛的合理修剪方式对其优质高效栽培具有重要意义。结果如下。一是随着修剪程度的增加，平欧杂种榛植株的横、纵径投影以及冠幅、株高、果序数呈先上升后下降再上升趋势。在各个修剪处理下，平欧杂种榛植株的横、纵投影直径以及冠幅、果序数之间的差异不显著。从株高方面看，中剪的株高低于其余3个处理，并与对照、轻剪处理间差异显著。二是平欧杂种榛的净光合速率、蒸腾速率随着修剪程度的加深呈上升—下降—上升趋势。中剪的净光合速率最低，与其余处理之间存在显著差异；平欧杂种榛的胞间CO_2浓度随修剪程度的增加呈降低趋势；轻剪、重剪的气孔导度与对照、中剪存在显著差异。三是根据平均隶属函数值对各修剪方式进行综合评价后发现，轻剪为平欧杂种榛最适宜的修剪方式。

四、开展了大果榛子嫩枝扦插育苗关键技术研究

研究表明，在宁夏引黄灌区，采用大小弓形棚组合的育苗方式，在每个苗床上直接用小型弓棚覆盖棚膜，然后在小型弓形棚膜外的大型棚架上覆盖一层

黑色遮阳网，用作扦插温棚。根据需要配备的棚高度可以为 2.5m 左右、宽度 7m 左右，长度根据需要设置。苗床宽 1.0~1.5m，苗床用地表原状土起垄 5cm，垄面覆盖河沙 5cm 作扦插透水基质，走道宽 20~30cm。扦插前将插床压实，使用 300~500 倍高锰酸钾溶液对插床进行消毒。棚上用一层黑色遮阳网，遮光率达 70%~75%，扦插后 20d 左右完全遮阳，随着下部逐步生根后将遮阳网逐步展开，使棚内透光，促使生根增根。

选用‘达维’品种，采用粗度为 5mm 以上，长度为 8~10cm 的 1~2 年生枝条为插穗，保留 2 片叶，半叶或 1/4 叶，插穗上口平切并距第一芽 1cm，下口斜切并用 500 倍 20%多菌灵溶液消毒，扦插深度 2~3cm。最好当天采集，及时扦插。激素选用 20%萘乙酸（NAA）5‰浓度（水 950mL+50mL 无水乙醇+5g 20% NAA），插条基部浸蘸激素 5s，浸蘸时插条叶片上不能蘸激素，并严格控制浸蘸时间。株行距选用 7cm×10cm 左右。

扦插后 15d 内每天早、中、晚各用小型人工喷雾器喷雾 1 次，15d 后，每天早、晚各喷雾 1 次，然后压严保湿，温棚温度保持在 35℃，扦插后 15d 内棚内空气湿度需保持在 90%左右，15d 后需保持在 80%~90%。扦插后立即漫灌 1 次透水，随后每 7~10d 灌 1 次透水。扦插后 15d 内，每隔 3d 对插床进行消毒 1 次，可利用多菌灵、硫酸亚铁、氢氧化铜轮流交替进行。喷洒时，要做到全面彻底、定时定量进行，如插床出现染菌插穗，可增加药量并连续喷洒 3~5d。

五、不同培覆基质保水性及其对榛子育苗生长的影响研究

1. 不同培土方式对土壤水分的影响

不同时期的不同培土方式土壤水分存在差异。随着时间延长，无培与黑塑培的土壤水分呈降低趋势，裸培的土壤水分变化不大。雨前裸培土壤水分低于其余 2 种培土方式，与其余 2 种培土方式存在差异（$P<0.05$）。下雨后黑塑培土方式土壤水分最高，但 3 种培土方式之间差异不显著。综合看，黑塑培土方式保水性较好。

2. 黑塑培土方式下不同基质对土壤水分的影响

随着时间延长，除了锯末外，其余 4 种基质土壤水分呈降低趋势，锯末土壤水分先增加后减小。基质土壤水分由高到低为椰糠>椰糠+土（1∶2）>锯末+

土（1∶2）>全土>锯末。11月椰糠+土（1∶2）的土壤水分最高，锯末土壤水分最低。

3. 裸培方式下不同基质对土壤水分的影响

不同基质的土壤水分存在差异，随着时间延长，各基质的变化趋势不同。下雨前到11月，进口椰糠的土壤水分高于其余基质。下雨前进口椰糠土壤水分高于其他基质，并与其他基质间存在显著差异（$P<0.05$）。下雨后进口椰糠与国产椰糠+土的土壤水分与其他基质间存在差异。11月进口椰糠土壤水分最高，但与其余基质的土壤水分不存在显著差异。综合看，在裸培情况下，进口椰糠的保水性较好。

4. 不同培土方式下不同基质对土壤水分的影响双因素方差分析

下雨前黑塑与裸培的进口椰糠土壤水分含量高于其他处理，各处理间存在差异（$P<0.05$）；8月5日下雨后黑塑进口椰糠的土壤水分最高，并与裸培锯末差异显著（$P<0.05$）；11月黑塑椰糠+土（1∶2）土壤水分最高。

下雨前与下雨后，培土方式与基质对土壤水分有显著影响，11月培土方式对土壤水分影响显著。下雨前，不同培土方式的$P<0.05$，不同基质的$P<0.01$，差异显著；而培土×基质的$P>0.05$，差异不显著。下雨后不同培土方式与不同基质的$P<0.05$，差异显著；11月不同培土方式$P<0.05$，差异显著，不同基质与培土×基质的$P>0.05$，差异不显著。

5. 黑塑培土方式下不同基质对萌蘖株高的影响

各基质下萌蘖株高的最大值、最小值与中等值存在差异。全土萌蘖株高的最大值与中等值高于其他基质，椰糠基质萌蘖株高的最大值低于其余基质；椰糠+土（1∶2）的萌蘖株高最小值高于其他基质。

6. 黑塑培土方式下不同基质对萌蘖数的影响

全土的萌蘖数最高，锯末加土的数值最低，萌蘖数由高到低依次为全土>锯末>椰糠>椰糠+土（1∶2）>锯末+土（1∶2）。

7. 裸培方式下不同基质对萌蘖株高的影响

各基质萌蘖株高数值存在差异；进口椰糠萌蘖株高的最大值、最小值与中等值均高于其余基质。沙土基质萌蘖株高最大值、最小值与中等值均低于其余基质。

8. 裸培方式下不同基质对萌蘖数的影响

进口椰糠的萌蘖数最高，国产椰糠+土的萌蘖数最低；萌蘖数由高到低为进口椰糠>锯末+土>锯末>国产椰糠>沙土>国产椰糠+土。

第二节　大果榛子主要营养价值研究

一、宁夏产大果榛子主要营养价值对比分析

为进一步研究宁夏大果榛子的营养性状，对比吉林地区的大果榛子，以‘达维’‘辽榛 3 号’‘辽榛 7 号’‘玉坠’4 种不同的品种进行种植研究，并对其淀粉、总糖、蛋白质、脂肪、钾、钙、磷等营养元素共 7 项指标进行测定分析。结果如下。一是宁夏产 4 种榛子脂肪含量达 62.9%~65.6%，蛋白质含量 10.9%~14.0%，总糖 8.8%~9.8%，淀粉 3.73%~5.58%，钾含量 8.94~9.77mg/g，钙、磷的含量接近，分别为 25.70~31.63mg/g、2.44~3.05mg/g。二是由于相同品种在不同地区栽培，其果品品质、营养价值均会有不同程度的差异，宁夏产大果榛子脂肪含量明显高于辽宁、黑龙江等省（区），与进口榛子脂肪含量相当，或优于进口，但蛋白质、钙、磷含量明显较低。三是从不同品种榛子营养成分看来，宁夏‘玉坠’的淀粉、脂肪、总糖含量最高，‘达维’最低；‘辽榛 3 号’蛋白质含量最高；而‘玉坠’的钙含量最高。

二、宁夏和吉林产不同品种大果榛子果实性状对比分析

通过对宁夏和吉林两个地区的不同品种［‘达维’（育种代号 84-254）、‘辽榛 3 号’（育种代号 84-226）、‘辽榛 7 号’（育种代号 82-11）、‘玉坠’（育种代号 84-310）］的果实性状的观察，宁夏地区不同品种的果实性状以及出仁率的对比，可为宁夏地区大果榛子的后期引进以及田间管理提供理论依据。在宁夏永宁县试验后得出以下结论。一是果实性状对比发现，吉林地区的果实要好于宁夏地区，说明‘达维’‘辽榛 3 号’‘辽榛 7 号’和‘玉坠’品种在引进过程中需要进一步地进行水分、养分以及害虫等田间管理以提高产量和质量。二是宁夏地区不同品种之间，‘玉坠’品种坚果小，出仁率高，果仁味香，果壳

薄，适合烤食加工出售。‘辽榛 3 号’品种由于外形美观，适宜带壳销售，但‘辽榛 3 号’果壳及果仁果形指数均较差。‘达维’‘辽榛 7 号’品种果形较好，机械加工及带壳销售均最适宜。三是宁夏 4 个品种需要进一步从田间管理、水肥调控、品种适应性等方面深入探索研究。

三、不同品种榛子果实主要性状及品质对比研究

1. 生长性状

分别利用宁夏产 4 个品种榛子，随机选择 90 个，分 3 组，每组 30 个，对榛子果壳长、果壳厚、果壳重、果仁长、果仁重等生长性状进行了测量分析，取其平均值。整体上看，‘达维’品种质量最重，‘辽榛 3 号’的果壳较长，辽榛 7 号的果壳最厚，‘玉坠’无论是形态还是重量都是最小的。4 个品种平均出仁率由高到低：‘玉坠’（46.9%）、‘达维’（40.3%）、‘辽榛 3 号’（39.8%）、‘辽榛 7 号’（37.7%）。4 个榛子品种，平均出仁率最高的品种为‘玉坠’，最低的品种为‘辽榛 7 号’。‘玉坠’平均出仁率较‘辽榛 7 号’高 9.2 个百分点，较‘达维’高 6.6 个百分点，较‘辽榛 3 号’高 7.1 个百分点。‘达维’与‘辽榛 3 号’平均出仁率相近，仅差 0.5 个百分点。

2. 不同品种榛子品质研究

（1）榛子营养成分比较。榛子营养成分中，脂肪含量最高，其次是蛋白质含量，再是总糖含量，最低的是淀粉含量。脂肪含量为玉坠>辽榛 7 号>辽榛 3 号>达维；蛋白质含量为辽榛 3 号>达维>辽榛 7 号>玉坠；总糖含量为玉坠>辽榛 7 号>辽榛 3 号>达维；淀粉含量为玉坠>辽榛 7 号>辽榛 3 号>达维。

（2）矿物质元素含量比较。在此次数据中，钙含量最高，其次是钾含量，磷含量最低。钙含量为玉坠>辽榛 7 号>达维>辽榛 3 号；钾含量为辽榛 3 号>达维>辽榛 7 号>玉坠；磷含量为辽榛 3 号>辽榛 7 号>达维>玉坠。4 种榛子脂肪含量都在 60%以上，最高为 65.6%，最低为 62.9%；蛋白质含量都在 10%以上，最高为 14%，最低为 10.9%；4 种榛子营养丰富，脂肪含量最高的品种为‘玉坠’，最低是‘达维’，蛋白质含量最高的品种为‘辽榛 3 号’，‘达维’略低于‘辽榛 3 号’，‘玉坠’最低。

3. 榛子主要品种识别技术

（1）果实。‘达维’果实扁、圆。‘辽榛 3 号’果实大，有尖。‘玉坠’果

实长，小；芽红、尖。‘辽榛 7 号’果实圆盾形，紫红色。‘B-21’果实圆。

（2）果苞。‘达维’漏果；‘辽榛 3 号’果苞严实；‘辽榛 7’号果苞半包。

（3）枝芽。‘达维’枝芽绿色或黄绿、大、扁；‘辽榛 3 号’小红芽，植株上部落叶，下不落叶；‘玉坠’芽红、尖；‘辽榛 7 号’上芽圆尖，植株下部不落叶；‘B-21’枝芽大、全株落叶。

四、农家肥施用对大果榛子形态特征及品质的影响研究

1. 营养成分总结

榛子营养成分中，脂肪含量最高，其次是蛋白质、总糖含量，最低的是淀粉含量。施肥对榛子蛋白质含量的提高影响较显著，对提高脂肪和总糖含量也有一定的促进作用，但施肥后榛子的淀粉含量低于未施肥榛子的淀粉含量。

2. 微量元素含量总结

3 种元素中，钙含量最高，磷含量最低。施肥可以提高榛子钾和磷含量，但是会降低榛子中钙含量。

五、鲜食榛子与成熟后坚果榛子主要营养成分比较

以宁夏产‘达维’榛子品种为样品，利用 7 月 25 日采集到的成熟鲜食‘达维’榛子果实，与 9 月上旬成熟后自动脱落的‘达维’榛子果实进行营养成分比较，结果如下。

脂肪含量为成熟坚果榛子>鲜食榛子；蛋白质含量为成熟坚果榛子>鲜食榛子；总糖含量为成熟坚果榛子>鲜果榛子；淀粉含量为成熟坚果榛子>鲜果榛子；钙含量为鲜果榛子>成熟坚果榛子；钾含量为鲜果榛子>成熟坚果榛子；磷含量为鲜果榛子>成熟坚果榛子。

六、宁夏榛子与进口榛子外形与品质比较研究

1. 壳长度比较

亮色果壳榛子的平均长度最长，暗色果壳榛子平均长度最短，3 种榛子果壳平均长度都在 21mm 以上；3 种榛子中，暗色榛子的长度最长是 29. 19mm，也为

此次试验中果壳最长的，其最低长度是 19. 42mm，宁夏榛子最低长度是 17. 87mm，也是此试验中榛子最短，其最长长度是 26. 1mm；亮色果壳长度整体浮动相较稳定，最高长度是 26. 60mm，最低长度为 21. 07mm。

2. 果仁重量比较

暗色果壳的平均重量最大，宁夏榛子果壳的平均重量最小；3 种榛子中，暗色果壳果仁最重为2. 411 6g，最轻为0. 185 3g，宁夏榛子果仁最轻为0. 334 0g，最重为1. 485 0g，亮色果壳果仁最重为2. 175 7g，最轻为0. 584 4g。

七、开展了榛树枝叶饲用价值对比研究

研究评价宁夏引黄灌区榛子枝叶的饲用营养价值，对比苜蓿、桑树、榆树的营养成分，以推动宁夏榛子种植的可持续发展。测定苜蓿、桑树、榆树、榛叶、榛树枝叶混合样、榛树当年生枝条和榛树 2 年生枝条的基本营养成分（粗纤维、粗脂肪、粗蛋白质、粗灰分、水分、中性洗涤纤维、酸性洗涤纤维、酸性洗涤木质素、粗纤维）并进行对比，研究发现：植株的不同位置以及不同树龄榛树的饲用营养成分含量不同；榛树枝条中粗蛋白质含量较少，但是榛叶中粗蛋白质含量较多；无论是榛树当年生枝条还是榛树 2 年生枝条，其 NDF、ADF、ADL 的含量均比较高，不适于家畜的采食利用。

第三节　大果榛子病、虫、草、冻害现状与防治技术研究

一、宁夏引黄灌区榛子地主要杂草种类普查及防治技术研究

为了更好地了解大果榛子园内的杂草，开展科学合理的农田除草工作，减少杂草的为害，采用目测法对榛子园内的杂草种类进行了调查研究。研究结果显示，3 年生与 6 年生榛子园内杂草种类以菊科、禾本科 1 年生杂草为主；相较于 3 年生榛子地，6 年生榛子地的杂草科属与种类均有所增加。最后总结提出了以生草法为主，物理化学除草法相结合的杂草防除技术，对榛子的种植示范、规范种植管理有着重要的指导意义。

二、初步开展了宁夏榛子病虫害调查研究

为了更好地了解大果榛子园内昆虫出现的时间与地点，对害虫进行及时有效的防治。本节采用5点取样法对榛子园昆虫的种类与数量进行普查。研究结果表明，2019年各个样地的昆虫以鞘翅目害虫为主。西南、西北样地的昆虫数高于其余3个样地；5个样地内的昆虫种类与数量随着时间发展呈减少趋势。并提出了具体防治措施，为科学防治害虫提供理论依据。

三、早春冻害对大果榛子坐果的影响研究

为了探究气温异常波动引起的大果榛子坐果数偏少的问题，以2020年永宁县望洪镇园林村榛子园的4年生和8年生大果榛子为材料，对其坐果数进行实地调查，并将调查结果与榛子园内的实测气温进行对比分析。结果表明，早春冻害对大果榛子坐果有着绝产的影响，应采取相应的防寒防冻措施，以提高坐果数。

第四节　大果榛子林地建设综合效益研究

一、开展了不同种植年限榛子对土壤养分的影响研究

对比分析可知，3年生与6年生榛子地的pH值均在8以上，3年生pH值高于6年生；3年生榛子树的电导率低于6年生榛子树电导率，随着榛子树年限增加，土壤电导率也随之增加。3年生榛子的土壤有机质含量高于6年生，随着榛子地年限增加，有机质含量呈下降趋势；3年生榛子的土壤全氮含量低于6年生榛子，且差异显著（$P<0.05$）；3年生榛子的土壤全磷含量低于6年生榛子，两者之间存在显著差异（$P<0.05$）；3年生榛子的土壤全钾含量均低于6年生榛子，不同年限的榛子土壤全钾含量间存在显著差异（$P<0.05$）。3年生榛子的土壤速效氮含量远低于6年生榛子地土壤速效氮含量，两者之间存在显著差异（$P<0.05$）；3年生榛子土壤速效磷含量高于6年生榛子土壤速效磷含量；3年生榛子的速效钾含量低于6年生榛子。

在检测的常规 8 项土壤养分指标中，除了有机质、速效磷以外，其他指标 3 年生榛子林地养分含量均高于 6 年生，其中全氮、全磷、全钾、速效氮含量均差异显著。由于种植过程中外源肥料的不断输入，加上榛子自身对风沙土改良效应，以及林地枯落物不断增加，土壤养分条件日趋改良。由此可见，随着种植年限的增加，榛子地土壤养分呈现显著增加的趋势，说明榛子地种植对风沙土壤的改良是有益的。

二、开展了榛子林地建设对小环境的影响研究

1. 风速

监测可知 2019 年 2—11 月，马鞍山造林区的风速高于中卫、大武口舍予园、永宁榛子园的风速。2019 年 1 月中卫地区的风速高于其他 3 个地区。2019 年 12 月至 2020 年 1 月，永宁榛子园的风速高于其余 3 个地区；大武口舍予园的风速一直最低。

2. 榛子林地及环银川周边大气温度、大气湿度差异

监测可知，2019 年 3—8 月，2019 年 11 月至 2020 年 1 月中卫地区的大气温度高于剩余 3 个地区的温度。2019 年 2 月、2019 年 10 月大武口舍予园的大气温度高于其他地区。2019 年 2—8 月，2019 年 11 月至 2020 年 1 月，大武口舍予园大气湿度高于其他 3 个地区。2019 年 9 月与 10 月中卫的大气湿度最高。

3. 榛子林地及环银川周边 PM2. 5、PM10 差异

监测可知，2019 年 2 月、2019 年 4—12 月，永宁榛子园的 PM2. 5 浓度高于其余 3 个地区。2019 年 1 月、3 月以及 2020 年 1 月的 PM2. 5 浓度以大武口舍予园地区最大。永宁榛子园在 2019 年 1—3 月、12 月与 2020 年 1 月的 PM10 浓度高于其余 2 个地区；其余时间中卫地区高于马鞍山与永宁。

三、开展了榛子园田间生草栽培技术示范应用

针对榛子等果园机械除草成本较高等现状，研究确定了榛子园田间生草栽培技术。生草栽培可防止和减少土壤水分流失，减少冬春季风沙扬尘造成的环境污染；增加土壤有机质含量，改善土壤理化性质，提高土壤肥力，补充和丰富磷、铁、钙、锌、硼等元素；增加果树害虫的天敌种群数量，减少了农药的

投入及农药对环境和果实的污染；增加果园土壤湿度，保持良好小气候环境，缓解落地果损失。草种可选择油菜、芸芥、白三叶、红三叶、高羊茅、燕麦、野豌豆、草地早熟禾、黑麦草等，也可选择豆科与禾本科早熟禾草混种。榛子园田间生草的种植方式采用行间种草，幼龄树园生草带宽，成龄树园生草带窄，草带应距离树盘外缘40cm左右。种植方法上，播种前先灌溉，诱杂草出土后选用在土壤中降解快和广谱性的除草剂除草，等除草剂有效期过后（如百草枯在潮湿的土壤中10~15d即失效）再播种。可采用沟播或撒播方式，沟播先开沟，播种覆土；撒播先播种，然后均匀在种子上面撒一层干土。出苗后，根据墒情及时灌水（最好采用喷灌或滴灌方式），随水施些氮肥，及时去除杂草，生草长起来覆盖地面后，根据生长情况，及时刈割，一个生长季刈割2~4次。生草栽培除了节省用工，降低生产成本，带来一定的经济效益外，还在改善榛子园内的土壤、提高榛子树品质、进行病虫害防治、改善小气候环境等方面起到积极作用。

第五节　宁夏榛子引种推广应用前景分析

技术成果的推广与示范应用可以充分挖掘农村劳动力和土地资源，生产优质干果果品，满足人们对果品多样化、高档化、无公害化的需求，同时填补了宁夏榛子种植项目的空白。该项目可观的经济效益能够使农民获得较好的收入，如在行间套种矮株经济作物，还能实现树下、树上一举两得的综合效益，进一步提高农民收入，也为宁夏退耕还林后续产业及生态经济林产业发展方向指引了一条新的思路。

项目的实施对大果榛子田间精准管理、质量监测、环境保护、品质提升、产品质量改善等综合技术应用具有显著的技术支撑推动作用。通过小气候、极端气温、土壤墒情、有效降水等主要生产指标的精准监测，并及时将所测结果反馈到主要榛子基地，为企业科学制定相应的田间管理、节水灌溉提供了及时的监测指标和指导依据。项目每年将监测到的气候、品质情况精准反馈到各生产基地和农户，为生产部门制定合理的防治措施、提高榛子品质提供监测依据。通过高质量论文发表、专著出版、监测数据共享，以及各种可能利用的技术培训、技术指导等方式，使研究结果发挥最大的经济、生态与社会效益。

由此可见，项目的建设与监测研究均处于宁夏区内及国内领先水平，通过国际、国内、宁夏区内等不同级别技术培训与现场观摩接待，各项技术得到充分展示。另外，集成应用的各项技术前景也十分广阔。

第六节　引种栽培主要存在的问题和改进意见

一、存在的主要问题

一是项目研究周期较短，经费较少，与进一步实现和支撑其科学种植尚需有一定的距离，须有后续的相关经费资助与攻关。

二是部分调查监测数据有待进一步深入挖掘，部分试验结论有待进一步验证，部分技术资料调查数据没有整理完善，部分研究内容需进行系统研究分析，形成技术资料。

三是对整个项目实施的技术没有做全面、系统总结，技术资料不全面。

四是科学种植技术支撑需要深入的工作还很多，对宁夏全区榛子科学种植现状还有待于进一步深入了解，对部分科学种植关键技术环节还有待于深入掌握和系统研究。

二、下一步重点工作及发展方向

积极申报相关项目，拓展榛子引种驯化示范区域布局，系统开展榛子灌水施肥、苗木快繁、修剪授粉等系列专业技术研究，加强榛子科学种植技术攻关，充分发挥项目示范作用，为实现榛子科学种植提供技术贮备和技术支撑。

主要参考文献

白玉红，林喜双，于爱香，等，2019. 百亩平欧杂交榛 1~8 年投入、产出和经济效益分析［A］. 中国经济林协会，中国林学会，482-487.

布林，2015. 榛子育苗与造林技术要点［J］. 内蒙古林业（12）：30-31.

曹慧娟，1992. 植物学［M］. 2 版. 北京：中国林业出版社.

曹淑云，贾云霞，孙万河，2016. 大果榛子防寒防抽条措施［J］. 河北林业科技（1）：106-107.

曹淑云，2017-11-25. 栽培大果榛子注意防寒［N］. 河北科技报（7）.

常存，段楠，刘新杰，2019. 榛子的营养成分测定及保健功能研究［J］. 黑龙江科学，10（16）：44-45.

常延明，2018. 辽西大果杂交榛子园主要虫害防治关键技术［J］. 中国林副特产（3）：52-53.

陈凤，2014. 平欧杂交榛结果习性及丰产技术研究［D］. 北京：北京林业大学.

陈刚，杨静荣，2012. 吉林地区大果榛子引种试验初报［J］. 北方园艺（21）：31-33.

陈海华，许时婴，王璋，2004. 亚麻籽胶化学组成和结构的研究［J］. 食品工业科技，25（1）：103-105.

陈海华，2004. 亚麻籽的营养成分及开发利用［J］. 中国油脂（6）：72-75.

陈佳，于修烛，刘晓丽，等，2018. 基于傅里叶变换红外光谱的食用油质量安全检测技术研究进展［J］. 食品科学，39（7）：270-277.

陈俊强，2005. 牡丹苗木质量标准的研究［D］. 南京：南京林业大学.

陈素传，肖正东，吴浩，等，2001. 嫩枝压条试验研究［J］. 经济林研究，19（1）：45-47.

陈炜青，陈翠莲，姜成英，等，2017. 甘肃省榛子的生产现状及发展对策

[J]. 林业科技通讯（11）：61-63.
陈喜忠，2016. 榛树病虫害防治措施简介［J］. 农业技术（7）：34-35.
陈正华，1986. 木本植物组织培养［M］. 北京：高等教育出版社.
成文博，2017. 科尔沁沙地平欧杂种榛越冬枝条受害情况调查［J］. 防护林科技，160（1）：40-41.
程黔，2006. 尚处起步阶段，市场潜力巨大——中国特色食用植物油市场综述［J］. 粮油加工（9）：13-17.
程黔，2006. 我国小品种食用油市场综述［J］. 粮食与油脂（9）：35-37.
程顺，2009. 材积的计算分类与整合计算［J］. 河北林业科技（6）：40.
程晓琳，2018. 辽阳地区大果榛子栽植技术［J］. 农家参谋（11）：99.
单新春，2015. 植物生长调节剂和叶面肥对平欧杂种榛生长结实的影响［D］. 乌鲁木齐：新疆农业大学.
邓朝艳，郑维威，骆夏辉，等，2017. 不同冬剪方式对大10果桑经济性状的影响研究［J］. 中国蚕业，38（4）：11-14.
邓继峰，李国忠，曹忠杰，等，2018. 沙地改植榛子林后地表径流和土壤侵蚀特征的研究［J］. 沈阳农业大学学报，49（5）：60-67.
邓娜，杨凯，赵玉红，2017. 8种抗寒平欧杂交油脂成分分析及比较［J］. 食品科学，38（12）：144-150.
狄济乐，2002. 亚麻籽作为一种功能食品来源的研究［J］. 中国油脂，27（4）：55-57.
董培田，宋诗利，王慧，等，2013. 大果榛子嫩枝扦插育苗技术试验［J］. 林业勘察设计（3）：72-74.
杜春花，陆斌，陈芳，等，2005. 欧洲榛子埋条繁殖技术［J］. 林业科技，30（4）：62-63.
杜灵通，宋乃平，王磊，等，2015. 气候变化背景下宁夏近50年来的干旱变化特征［J］. 自然灾害学报（2）：157-164.
付保东，罗伟娟，陈宏阳，2014. 铁岭地区榛子主要病虫害类型及防治技术［J］. 防护林科技，133（10）：108-109.
葛文志，2015. 科尔沁沙地平欧杂种榛生长情况及其效益分析［J］. 林业科技通讯（5）：21-23.

耿金川，任宏伟，李洋，等，2018. 不同防寒措施对平欧杂种榛子的影响［J］. 河北果树，155（5）：20-22.

宫永红，1997. 对榛子不同繁殖方法的研究［J］. 北方园艺（5）：50-51.

宫永红，1997. 榛子嫩枝扦插繁殖［J］. 北方果树（2）：52.

巩芳娥，张进德，虎云青，等，2017. 生长调节剂及其浓度对大果榛子插条生根的影响［J］. 经济林研究，35（3）：25-29.

关紫烽，姜波，王英坡，2003. 榛子脂肪酸组成的比较研究［J］. 辽宁师范大学学报（自然科学版），26（3）：284-285.

郭琼霞，黄可辉，2003. 危险性病虫害与杂草［J］. 武夷科学（19）：179-189.

韩俊威，史彦江，宋锋惠，等，2014. 平欧杂种榛 13 个品种（系）抗寒性比较［D］. 乌鲁木齐：新疆农业大学.

韩秀明，2014. 大果榛子栽培管理技术［J］. 农民致富之友（8）：156-157.

赫广林，2019. 宁夏泾源县发展大果榛子的探讨［J］. 现代园艺（8）：223-224.

胡文霞，2012. 桓仁县大榛子主要病虫害的发生与防治［J］. 现代农业科技（9）：182.

胡跃华，2016. 平榛植苗造林研究［J］. 辽宁林业科技（3）：30-31.

胡珍珠，潘存德，赵善超，2019. 榛子果实不同生育期叶片含水量光谱反演［J］. 河北果树（9）：20-26.

扈红军，曹帮华，尹伟伦，等，2007. 不同处理对欧榛硬枝扦插生根的影响及生根过程中相关氧化酶活性变化［J］. 林业科学，43（12）：70-75.

黄凤洪，钮琰星，2003. 特种油料的加工与综合利用［J］. 中国食物与营养（3）：24-26.

黄先东，2015. 大果榛子栽培技术［J］. 吉林林业科技，44（2）：60-62.

黄玉华，邓泽元，2007. 植物油中脂肪酸成分的调查与分析［J］. 食品科技（10）：248-250.

浑之英，袁立兵，柴彦，等，2009. 河北省石家庄市麦田禾本科杂草发生情况调查［J］. 河北农业科学，13（12）：16-17.

霍宏亮，马庆华，李京璟，等，2016. 中国榛属植物种质资源分布格局及其适生区气候评价［J］. 植物遗传资源学报，17（5）：801-808.
贾婷婷，赵苗苗，吴哲，等，2017. 雨淋及干燥方式对紫花苜蓿干草品质的影响［J］. 草地学报，25（6）：1362-1367.
江军，孙永福，邱苗苗，等，2017. 赣南八角容器苗苗木分级研究［J］. 安徽农业科学，45（4）：163-165.
姜素勤，丁素玲，张俭卫，2005. 野生平榛综合开发利用初探［J］. 特种经济动植物（10）：19-20.
姜伟阳，霍冬磊，李勇，等，2017. 伊春林区天然毛榛树高地径生长量调查研究［J］. 中国林副特产（6）：47-48.
靳彦卿，李卫伟，尹祥杰，等，2018. 大禹乡玉米田杂草调查及防治［J］. 农业技术与装备（6）：25-26.
李春牛，董风祥，张日清，等，2010. 果树抽条研究进展［J］. 中国农学通报，26（3）：138-141.
李春牛，2010. 杂交榛抽条致因及控制措施研究［D］. 长沙：中南林业科技大学.
李大威，2008. 扦插时期和基质种类对榛子嫩枝扦插生根的影响［J］. 河北林果研究，23（2）：123-126.
李冠楠，魏磊，2019. 除草剂在平欧杂榛的应用［C］//中国经济林协会，中国林学会. 第五届中国（诸城）榛子科技与产业发展研讨会暨山东榛业现场观摩会会议论文集，34-37.
李光耀，孙启忠，张力君，等，2014. 不同生育期苜蓿相对饲用价值的分析研究［J］. 饲料研究（19）：1-3.
李继武，2019. 大果榛子的栽培与生产推广研究［J］. 农村经济与科技，30（8）：22-23.
李嘉诚，罗达，宋锋惠，等，2018. 14 个品种（系）平欧杂种榛抗寒性比较［J］. 东北林业大学学报，46（10）：29-35.
李娟，梁瑞龙，姜英，等，2016. 1 年生闽楠容器苗苗木质量分级研究［J］. 福建林业科技，43（3）：208-211.
李娟娟，樊金拴，魏伊楚，等，2018. 几种槭属植物的油脂营养成分分析［J］. 中国粮油学报，33（5）：57.

李敏敏，安贵阳，张雯，等，2011. 不同冬剪强度对乔化富士苹果成花、枝条组成和结果的影响［J］. 西北农业学报，20（5）：126-129.

李宁，2008. 榛子开花结实规律的研究［D］. 北京：北京林业大学.

李鹏，刘济明，欧国腾，等，2014. 大果木姜子苗木的评价及分级标准［J］. 江苏农业科学，42（9）：223-226.

李巧云，2006. 树叶饲料值得开发［J］. 饲料世界（1）：28.

李伟，2019. 黑山县大果榛子丰产优质高效栽培关键技术［J］. 特种经济动植物（5）：35-36.

李秀霞，马军亭，杨永年，2008. 无性繁殖技术在榛子扩繁中的应用［J］. 佳木斯大学学报，26（6）：849-852.

李秀霞，牛成功，邵红，等，2005. 佳木斯地区榛子引种试验初报［J］. 中国野生植物资源，24（6）：72-74.

李秀霞，张海洋，徐秀芳，1999. 干果佳品榛子［J］. 植物杂志（5）：20-21.

李秀霞，翟登攀，张海洋，2001. 榛子的繁殖技术［J］. 中国野生植物资源（4）：51-52.

李秀霞，马军亭，杨永年，2008. 无性繁殖技术在榛子扩繁中的应用［J］. 佳木斯大学学报，26（6）：849-852.

李雪岚，2011. 谈榛子的开发与利用［J］. 林业勘察设计（4）：116-118.

李严寒，尚立权，张文达，等，2008. 平欧杂交榛在牡丹江南部地区引种的可行性分析［J］. 黑龙江生态工程职业学院学报，21（3）：15-16.

李玉航，2019. 防护林对沙地平欧杂种榛生长的影响［J］. 防护林科技（6）：4-6.

李志新，2011. 马铃薯苗前防除田间杂草试验［J］. 黑龙江农业科学，34（3）：61-63.

梁春莉，聂洪超，2019. 榛子栽培现状、问题及发展对策［A］. 第五届中国（诸城）榛子科技与产业发展研讨会暨山东榛业现场观摩会［C］. 中国经济林协会，中国林学会.

梁金花，2016. 平欧大果榛子栽植技术及其效益评价［J］. 内蒙古林业调查设计，39（2）：36-37.

梁容，2017. 全球：榛子市场到2026年将达到120亿美元［J］. 中国果业信息（4）：39.

梁锁兴，孟庆仙，石美娟，等，2015. 平欧榛枝条可溶性蛋白及可溶性糖含量与抗寒性关系的研究［J］. 中国农学通报，31（13）：14-18.

梁维坚，董德芬，2002. 大果榛子育种与栽培［M］. 北京：中国林业出版社.

梁维坚，陈喜忠，2019. 中国榛树栽培、产业发展若干问题及解决途径的探讨［A］. 第五届中国（诸城）榛子科技与产业发展研讨会暨山东榛业现场观摩会［C］. 中国经济林协会，中国林学会，38-41.

梁维坚，王贵禧，2015. 大果榛子栽培实用技术［M］. 北京：中国林业出版社.

梁玉娥，宾光华，黄主龙，2015. 冬植马铃薯田杂草种类调查［J］. 广西植保，27（2）：2526.

刘春静，2019. 榛子栽培实用技术［M］. 北京：化学工业出版社.

刘庚，林玉梅，张立民，等，2018. 抗寒品种（系）平欧杂种榛坚果经济性状评价［J］. 东北林业大学学报，46（10）：38-41.

刘纪成，张敏，陈培荣，等，2006. 树叶饲料的开发与利用［J］. 畜牧与饲料科学，27（6）：84-85.

刘建明，姚颖，刘忠玲，等，2018. 不同林分密度榛子天然林土壤养分特征研究［J］. 森林工程，34（3）：1-5.

刘莉，马艳梅，张文达，2008. 黑龙江东部山区榛子虫害调查与防治措施［J］. 林业勘察设计（2）：66-67.

刘相艳，2020. 大果榛子栽培技术分析［J］. 农业开发与装备（2）：225-227.

刘晓峰，2015. 阜新地区榛子人工林病虫害综合防治技术［J］. 防护林科技（5）：111-112.

刘旭昕，2019. 阜新地区平欧大果榛子丰产栽培技术［J］. 北方果树（4）：42-43.

刘艳华，2017. 平欧杂种榛子品种栽培比较试验［J］. 北方果树（3）：17.

刘玉华，贾志宽，史纪安，等，2006. 旱作条件下不同苜蓿品种光合作用的日变化［J］. 生态学报，26（5）：1468-1477.
刘长令，2002. 世界农药大全（除草剂卷）［M］. 北京：化学工业出版社.
卢晓峰，于秀杰，薛桐，2018. 冀北山区平欧杂种榛子抗寒保活技术措施［J］. 特种经济动植物，230（8）：54-55.
陆斌，陈芳，宁德鲁，等，2003. 欧洲榛子的扦插繁殖试验［J］. 云南林业科技，104（3）：64-67.
罗达，宋锋惠，史彦江，等，2018. 不同年龄枝条修剪对平欧杂种榛生长、光合及结实特性的影响［J］. 西北林学院学报，33（5）：93-99.
罗青红，史彦江，宋锋惠，等，2013. 不同产地杂交榛果实品质比较分析［J］. 食品科学，34（3）：50-54.
吕春茂，李潇，孟宪军，等，2019. 平欧榛子甾醇和维生素 E 指纹图谱构建与分析［J］. 食品与生物技术学报，38（1）：119-126.
马静利，左忠，贾龙，等，2021. 宁夏大果榛子园虫情调查及防治措施探究［J］. 浙江农业科学，62（2）：381-385.
马静利，左忠，刘立平，等，2020. 不同修剪方式对平欧杂种榛生长与光合特性的影响［J］. 北方园艺（20）：34-39.
马静利，左忠，刘立平，等，2020. 宁夏引黄灌区大果榛子园杂草种类普查与防治技术探讨［J］. 宁夏农林科技，61（6）：24-26.
孟祥敏，2018. 榛子蛋白饮料生产工艺及稳定性研究［J］. 农产品加工（12）：46-47.
宁艳超，杨明义，2006. 榛子中脂肪酸的测定［J］. 大连民族学院学报（5）：96.
牛兴良，2016. 不同施肥量对榛子生长发育的影响［J］. 中国林副特产（2）：28-29.
牛艳，吴燕，陈翔，等，2018. 气相色谱法分析胡麻油中脂肪酸组成［J］. 宁夏农林科技，59（3）：45-47.
牛艳，2020. 胡麻油研究［M］. 北京：中国农业科学技术出版社.
欧健德，康永武，2018. 福建峦大杉苗木质量分级研究［J］. 西南林业大学学报，38（2）：172-176.
庞发虎，王勇，杜俊杰，2002. 榛子的特性及在中国的发展前景［J］. 河北果树（2）：1-3.
庞恒国，惠华，窦永明，2008. 保护性耕作条件下农田杂草及病虫害综合防治技术［J］. 农村农牧机械化（1）：12-13.
彭立新，王明启，1992. 叶分析与榛树营养元素研究概述［J］. 吉林林学院学报（3）：57-61.
彭琴，符裕红，莫熙礼，等，2016. 贵州喀斯特山区野生榛子营养成分分析［J］. 福建农业学报，31（2）：145-150.
彭素琴，彭丽，肖沅华，等，2016. 两年生铁冬青容器苗苗木质量分级研究［J］. 赣南师范学院学报（3）：64-66.
钱杨，孙洪刚，董汝湘，等，2018. 针叶树碳水化合物分配研究进展［J］. 林业科学，54（1）：141-153.
乔雪静，封慧戎，封凯戎，等，2016. 棒子病虫害的防治措施［J］. 北京农业，1（2）：44-45.
任继周，1998. 草业科学研究方法［M］. 北京：中国农业出版社.
森下义郎，1988. 植物扦插理论与技术［M］. 北京：中国林业出版社.
石英，孙万河，冯建民，等，2019. 北票市杂交榛子生产现状与建议［J］. 北方果树，209（1）：52-53.
舒红，2016. 沈阳平欧杂交榛子主要病虫害种类及危害情况调查［J］. 农技服务，33（4）：125.
宋锋惠，史彦江，卡德尔，2004. 杂交榛子压条苗繁殖技术研究［J］. 经济林研究，22（4）：56-58.
宋锋惠，史彦江，尚尔烈，等，2014-04-24. 一种提高干旱区平欧杂种榛嫩枝扦插生根的方法：中国，CN103891518A［P］.
宋凯，魏钦平，岳玉苓，等，2010. 不同修剪方式对‘红富士’苹果密植园树冠光分布特征与产量品质的影响［J］. 应用生态学报，21（5）：1224-1230.
孙海旺，2014. 平欧杂交榛子优质丰产栽培技术［J］. 现代农业科技（4）：44.
孙建文，2016. 野生榛林一序多果现象的调查与分析［J］. 防护林科技（5）：59-60.

孙俊，2014. 榛子营养价值及辽宁地区榛子病害研究进展［J］. 辽宁林业科技（5）：51-53.

孙时轩，2000. 造林学［M］. 北京：中国林业出版社.

孙万河，聂洪超，刘坤，等，2007. 平欧杂交榛子育苗及丰产栽培技术［J］. 北方果树（1）：17-18.

孙阳，梁维坚，王贵禧，等，2017. 中国榛树栽培品种选择及区域化布局［J］. 黑龙江农业科学（1）：69-72.

孙阳，李仁浩，于冬梅，2016. 平欧杂交榛嫩枝扦插育苗技术［J］. 黑龙江农业科学（10）：105-107

索伟伟，李志军，2018. 平欧杂交榛幼苗形态建成对氮的响应研究［J］. 林业科技通讯（3）：3-8.

万道印，李勇，李琳，等，2018. 伊春毛榛林生物量调查及开发利用经济效益分析［J］. 中国林业经济（1）：31-33.

王刚，袁德义，邹锋，等，2017. 修剪强度对锥栗叶片生理及产量的影响［J］. 植物生理学报，53（2）：264-272.

王贵禧，董凤祥，梁维坚，2007. 榛子育种现状与展望［C］//中国园艺学会干果分会，中共阿克苏地委，阿克苏地区行署，新疆维吾尔自治区林业厅.

王贵禧，2018. 中国榛属植物资源培育与利用研究（Ⅳ）——榛仁营养、综合利用与榛产业发展现状［J］. 林业科学研究，31（1）：130-136.

王贵禧，2019. 当前我国榛子产业发展的几个基本判断［C］//中国经济林协会，中国林学会. 第五届中国（诸城）榛子科技与产业发展研讨会暨山东榛业现场观摩会.

王慧娟，姚宇飞，宋锋惠，等，2015. 平欧杂种榛不同树形对生长与结实的影响［J］. 新疆农业科学，52（9）：1624-1630.

王杰，刘晶，吕春晶，等，2017. 平欧杂交榛子栽培管理技术［J］. 农业科技通讯（11）：289-290.

王劲松，蒋齐，李明，等，2009. 宁夏甘草资源及研究进展［J］. 宁夏农林科技（6）：88-89.

王克瀚，2018. 嫁接改造低产榛园平欧杂种榛品种（系）选择研究［J］. 吉林林业科技（1）：1-3.
王克瀚. 2019. 浅析平欧杂种榛栽植管理技术与效益分析［C］//中国经济林协会，中国林学会. 第五届中国（诸城）榛子科技与产业发展研讨会暨山东榛业现场观摩会.
王明清，2003. 榛子油理化特性及脂肪酸组成分析［J］. 中国油脂，28（8）：69-70.
王勤方，唐永生，郑云昆，等，2019. 蚕豆田间杂草群落调查及除草剂筛选应用［J］. 农业科技通讯（5）：160-164.
王荣敏，孙蕊，代艳超，等，2018. 河北省中南部平欧大果榛子幼树栽植技术［J］. 果树实用技术与信息（12）：20-22.
王姗姗，2018. 不同修剪处理对大果榛子产量影响的分析［J］. 现代园艺，362（14）：17.
王申芳，王蓬，2006. 欧洲榛子嫩枝扦插育苗试验［J］. 河北林业科技（3）：15.
王伟，许新桥，张应龙，2018. 长柄扁桃［M］. 北京：中国林业出版社.
王文平，王燕平，2018. 我国杂交榛子发展现状及高产策略［J］. 中国果菜，38（4）：60-62.
王文平，2020. 大果榛子栽培管理技术及病虫害防治探究［J］. 种子科技，38（2）：49-52.
王险峰，2000. 除草剂使用手册［M］. 北京：中国农业出版社.
王晓芳，温淑红，左忠，等，2021. 宁夏大果榛子的主要营养性状［J］. 浙江农业科学，62（2）：253-255.
王谢，唐甜，张建华，等，2017. 桑树新生枝条和叶片中的养分分配格局研究［J］. 蚕业科学，43（3）：382-387.
王宇颖，2013. 榛子园常见的病虫害防治技术［J］. 新农业（4）：28
王育梅，2013. 榛子绿枝扦插繁殖技术［J］. 中国林副特产（2）：49.
王昭娜，赵军，2016. 宁夏永宁县城市生态规划方法初探［J］. 科技资讯，14（8）：76-77.
王志新，2018. 发挥社会组织作用引导榛子产业发展［J］. 吉林林业科技（4）：43-44.

魏丽红，2014. 七年生平欧杂种榛果实生长发育期及采收期研究［J］. 辽宁农业职业技术学院学报（5）：1-2.
魏新杰，2019. 大果榛子引种及无公害栽培技术［J］. 河南农业（8）：23-24.
吴运辉，袁丛军，丁访军，等，2018. 青钱柳苗木质量分级初步研究［J］. 种子，37（6）：124-131.
郗荣庭，1997. 果树栽培学总论［M］. 北京：中国农业出版社.
席海源，张明丽，梁锁兴，等，2017. 榛子新品种粗脂肪与蛋白质含量比较研究［J］. 陕西林业科技（4）：4-6.
夏国京，2006. 杂交大榛子栽培技术［J］. 辽宁农业职业技术学院学报，8（3）：23-24.
谢亚萍，牛俊义，2017. 胡麻生长发育与氮营养规律［M］. 北京：中国农业科学技术出版社.
邢合龙，2018. 2 种修剪方式对不同长势枣树生长的影响［J］. 安徽农学通报，2（11）：34-35.
熊新武，陆斌，刘金凤，等，2012. 栽培技术措施对山地核桃中幼树的促花促果作用［J］. 中南林业科技大学学报，32（10）：79-83.
熊乙，许庆方，玉柱，等，2018. 不同苜蓿干草营养成分及饲用价值评价［J］. 草地学报，26（5）：1262-1266.
徐清海，明霞，李秉超，2009. 榛子壳棕色素的提取及稳定性研究［J］. 沈阳农业大学学报，40（1）：58-61.
许柏林，2018. 不同激素处理对榛子插条生根的影响［J］. 林业建设（6）：33-35.
许奇志，蒋际谋，林美和，等，2013. 枇杷二次短截修剪对结果母枝和果实品质的影响［J］. 热带作物学报，34（1）：87-91.
许书娟，2017. 大果榛子快速繁殖技术［J］. 内蒙古林业（2）：26.
许新桥，王伟，褚建民，2015. 毛乌素沙地长柄扁桃 31 个优良单株坚果核仁脂肪酸组成变异分析［J］. 林业科学（7）：142-147.
薛俊宏，2015. 平欧杂种榛优系抗抽条的生理机制［D］. 太原：山西农业大学.

薛莉，2018. 食用植物油特质营养成分组成与分布研究［D］. 北京：中国农业科学院.

扬子江，2018. 大果榛子栽培实用技术［J］. 农民致富之友（13）：44.

杨斌，周凤林，史富强，等，2006. 铁力木苗木分级研究［J］西北林学院学报，21（1）：85-89.

杨凯，2015. 黑龙江省榛子发展现状及前景［J］. 林业勘察设计（3）：67-69.

杨青珍，2004. 平榛、欧榛及种间杂种榛品种（系）的遗传多态性及亲缘关系分析［D］. 太原：山西农业大学.

姚秀仕，2019. 大榛子种植发展现状研究［J］. 绿色科技（7）：105-109.

叶文斌，杨小录，王让军，2015. 甘肃省西和县马铃薯田间杂草调查及其防治技术［J］. 生物灾害科学，38（4）：328-332.

易米平，张日清，董凤祥，等，2009. 榛子无性繁殖技术研究的现状与趋势［J］. 经济林研究，27（1）：106-111.

殷振雄，2014. 文冠果油的提取及理化性质评价［D］. 兰州：西北师范大学.

由美娜，2020. 抚顺地区大果榛子高产栽培技术［J］. 安徽农学通报，26（14）：86-87.

于冬梅，解明，刘元，2015. 平欧杂种榛树生物量构成及矿质元素积累特性研究［J］. 辽宁林业科技（5）：5-9.

于鸿波，2019. 经济林树种大果榛子引种试验研究［J］. 农业开发与装备（8）：102-115.

于薇薇，2013. 大果杂交榛子病虫害的防治［J］. 北方果树（3）：26-27.

袁丽环，魏学智，2009. 榛子叶片营养成分的研究［J］. 中国野生植物资源，28（1）：48-49.

袁利文，2018. 植物油中主要脂肪酸含量的分析［J］. 中国检验检测（1）：18-20.

袁培业，吴冰，付雪娇，等，2011. 核桃密植栽培整形修剪技术研究［J］. 农业科学（7）：47-48.

张斌，2006. 榛子油和榛子蛋白饮料的工艺要点［J］. 冷饮与速冻食品工业，12（2）：25-26.

张飞，贺敏，2010. 几种颇具潜力的特种植物油［J］. 中国油脂，35（12）：75-79.

张峰，贾波，孙正艳，2007. 榛树硬枝扦插育苗研究初报［J］. 落叶果树（5）：17-19.

张罡，2017. 榛子种类分布及开发利用探析［J］. 防护林科技（10）：101-102.

张戈，2019. 关于我省大果榛子产业发展情况的调研报告［J］. 奋斗（9）：61-64.

张巍，2019. 大果榛子栽培管理技术研究［J］. 农业与技术，39（9）：78-79.

张翔，翟敏，徐迎春，等，2014. 不同修剪措施对薄壳山核桃枝条生长及枝条和叶片碳氮代谢物积累的影响［J］. 植物资源与环境学报，23（3）：86-93.

张筱蓓，1995. 榛子——坚果之王［J］. 中国土特产（6）：36.

张友贵，曲东，燕飞，等，2019. 榛子种质资源、育种及栽培技术研究进展［J］. 生物资源，41（2）：95-103.

张宇和，柳鎏，梁维坚，等，2005. 中国果树志［M］. 北京：中国林业出版社.

张鹏飞，季兰，段良骅，2010. 榛子夏季修剪技术［J］. 山西农业科学，38（7）：135-137.

赵文琦，2017. 杂种榛坚果发育与层积期有机营养代谢与解剖特征分析［D］. 太原：山西农业大学.

赵兴歌，隋军，2009. 辽东山区榛子病虫害防治技术的研究［J］. 内蒙古林业调查设计，32（3）：69-70.

珍珍，2005. 榛子的营养与人类健康［J］. 中外食品（6）：52-53.

郑春艳，2014. 平欧杂交大果榛子全光照喷雾嫩枝扦插试验初报［J］. 林业实用技术（5）：38-39.

郑金利，王道明，2007. 杂交榛子苗木繁殖技术［J］. 北方果树（2）：40-41.

郑万钧，1983. 中国树木志［M］. 北京：中国林业出版社.

郑延平，2007. 猪的好饲料——榆树叶［J］. 中国猪业（4）：21.

周新华，黄拯，厉月桥，等，2017. 杉木容器苗分级标准研究［J］. 中南林业科技大学学报，37（9）：68-73.

周一夫，关秀娟，张文达，等，2011. 黑龙江省东部山区平欧杂种榛的引种栽培［J］. 林业勘察设计（4）：116-120.

朱小芳，曹兵，2018. 宁夏永宁县城市绿化树种调查与分析［J］. 中国城市林业，16（6）：44-48.

朱雪荣，张文，李丙智，等，2013. 不同修剪量对盛果期苹果树光合能力及果实品质的影响［J］. 北方园艺（15）：15-19.

祖国庸，1982. 桑树与蚕沙的饲用价值［J］. 畜牧与兽医（3）：142-143.

左忠，王峰，温学飞，等，2004. 宁夏盐池县农田杂草种类与防治技术［J］. 草业科学（8）：71-77.

ALASALVAR C，SHAHIDI F，2009. Tree nuts：composition，phytochemicals and health effects［M］. Boca Raton：CRC Press.

ALPHAN E，PALA M，ACKURT F，et al.，1997. Nutritional composition of hazelnuts and its effects on glucose and lipid metabolism［J］. Acta Horticulturae，415：305-310.

BONVEHI J S，COOL F V，1993. Oil content，stability and fatty acid composition of the main varieties of Catalonian hazelnut（*Cotylus avellana* L.）［J］. Food Chemistry，48：231-241.

CENTENO M L，RODRIGUEZ R，BERROS B，et al.，1997. Endogenous hormonal content and somaticembryogenic capacity of *Corylus avellana* L. cotyledons［J］. Plant Cell Reports，17（2）：139-144.

FATMA G K，GÜNER E，2003. Investigation of the effect of roasting temperature on the nutritive value of hazelnuts［J］. Plant Foods for Human Nutrition，58（3）：1-10.

GARCIA J M，AGAR I T，STREIF J，1994. Lipid characteristics of kernels from different hazelnut varieties［J］. Turkish Journal of Agriculture and Forestry（18）：199-202.

KANTARCI M，AYFER M，2000. Propagation of some important Turkish haze lnut varieties by cuttings［J］. Acta Horticulturae：Ⅲ International Congress on Hazelnut（351）：353-360.

KARADENIZ T, 1998. Investigations on anatomical and histological development of the graft union of Tombul on some hazelnut cultivars [J]. Bahce, 27: 11-22.

KÖKSAL A I, ARTIK N, SIMSEK A, et al., 2006. Nutrient composition of hazelnut (*Cotylusavellana* L.) varieties cultivated in Turket [J]. Food Chemistry, 99: 509-515.

PALA M, ACKURT F, LOKER M, et al., 1996. Findik cesitlerin in bliesimivebes lenme fizyolojisibakim in dadeger-lendirilmesi [J]. Turkish Journal of Agriculture and Forestry (20): 43-48.

PANDEY G, 1996. Effect of IBA and NAA on propagation of hazelnut cultivars through stooling [J]. Journal of Hill Research, 9: 198-200.

PARCERISA J, BOATELLA J, CODONY R, et al., 1995. Comparison of fatty acid and triacylglycerol compositions of different hazelnut varieties (*Corylus avellana* L.) cultivated in Catalonia (Spain) [J]. Journal of Agricultural & Food Chemistry, 43 (1): 13-16.

REED B N, MENTZER J, TANPRASERT P, et al., 1998. Internal bacterial contamination of micropropagation hazelnut: identification and antibiotic treament [J]. Plant Cell, Tissue and Organ Culture, 52 (1/2): 67-70.

REY M, DIAZ-SALA C, RODRIGUEZ R, 1994. Exogenous polyamines improve rooting of hazel microshoots [J]. Plant Cell Tiss Org Cult, 36: 303-308.

RODRIGUEZ R, 1988. Sequential cultures of explants taken from adult *Corylus avellana* L. [J]. Acta Horticulturae, 227: 460-463.

SERVICE R F, 2000. Hazel trees offer new source of cancer drug [J]. Science, 288: 27-28.

UGHINI V, ROVERSI A, 2005. Adventitious root formation course in hazelnut hardwood cuttings as a consequence of forcing treatments [J]. Acta Horticulturae, 686: 227-234.

YU X L, REED B M, 1994. Plant regeneration from cultured somatic tissues of hazelnut [J]. Hortscience, 29 (5): 514.

YU X L, REED B M, 1995. A micropropagation system for hazelnut (Corylus species) [J]. Hort Science, 30 (1): 120-123.

附件：榛子育苗及造林技术规程

1 范围

本文件规定了榛子术语和定义、建园、育苗、栽培管理、采收及贮藏等。

本文件适用于宁夏引黄灌区和年降雨量在400mm以上且有灌溉条件的宁南山区榛子生产园的建立和栽培管理。

2 规范性引用文件

下列文件中的内容通过文中的规范性引用而构成本文件必不可少的条款。其中，注日期的引用文件，仅该日期对应的版本适用于本文件；不注日期的引用文件，其最新版本（包括所有的修改单）适用于本文件。

GB 5084 农田灌溉水质标准

GB 15618 土壤环境质量农用地土壤污染风险管控标准（试行）

GB/T 10016 林木种子贮藏

LY/T 1650 榛子坚果平榛、平欧杂种榛

LY/T 2205 平欧杂种榛栽培技术规程

NY/T 227 微生物肥料

NY/T 394 绿色食品肥料使用准则

NY/T 496 肥料合理使用准则 通则

NY/T 1276 农药安全使用规范总则

3 术语和定义

下列术语和定义适用于本文件。

3.1 榛子 hazelnuts

主要指以平榛为母本、欧洲榛为父本杂交培育的种间杂交种。俗称平欧杂种榛（*Corylusheterophylla* Fisch. × C. *avellana* L.）、大果榛子等。（来源：LY/T 2205-2013，定义3.1，有修改）

4 建园

4.1 建园条件

选择交通、灌溉、居住条件便利、光照充足、土层厚度60cm以上、坡度25°以下地块。林、路、渠、电、排灌设施齐全。有与主（次）害风向尽可能垂直的主、副林带防护林网。

4.2 土壤条件

参照GB 15618土壤环境质量执行。以沙壤土、壤土、黄绵土及轻黏土为宜，pH≤9.0。

4.3 整地

清除园内杂树、杂草、石块等，将底土、表土分开。具体整地方法见附表1。

附表1 整地方法

产区		整地方法
灌区		整地前撒施农家肥2～3m^3/666.7m^2，施肥后及时机械深耕30cm以上，耙耱平整
山区	水平阶	沿等高线自上而下，埂宽20cm，埂高20～30cm。
	水平沟	沿等高线自上而下，埂宽20cm，埂高50cm。
	鱼鳞坑	内径60～80cm，外径80～100cm，深度40～60cm，埂高20～40cm，埂宽20cm。
	反坡梯田	沿等高线自上而下里切外垫，修成田面微向内倾斜3°～10°的反坡梯田，梯高40～50cm

4.4 打点挖穴

栽植行向以南北向为宜。采用“拉线—打点”的方法，根据设计的株行距，定点放线，逐株定出栽植点，用石灰、木桩等显著标志标注。按照栽植点做成40cm×40cm×40cm栽植穴。

4.5 培肥

栽植前应采取穴状培肥，结合整地完成。每穴施入腐熟有机肥20～50kg，与穴内表土均匀混合。

4.6 品种选择

达维（良种编号：辽S-SV-CH-003-2000）、辽榛3号（良种编号：辽S-SV-CHA-002-2006）、辽榛7号（良种编号：Nov-82）、玉坠（良种编号：

辽 S-SV-CH-004-2000）、B-21（良种编号：平欧 21 号）等。灌区山区均适宜，达维最优。

4.7 苗木处理

裸根苗木要修剪根系，剪口平滑，保留根系长度 10~15cm。栽植前将修整好的苗木根系浸清水 24h，用 50%的 1 500倍多菌灵消毒 8h，用清水漂洗后沾泥浆。

4.8 定植

4.8.1 时间

土壤解冻后栽植。

4.8.2 密度

生产园株行距分别为 2m×3m、3m×4m。育苗园采用双行种植，宽行 2.5~3.0m、窄行 0.4m，株距 0.7~1.0m。

4.8.3 方式

垂直栽植，不窝根，根系以上埋土 6~10cm，踩实。坑穴表面呈锅底状，用土打方埂围树盘，或加盖地膜或防草布。栽后及时浇透水。

4.8.4 授粉树种配制

主栽品种与授粉品种距离应在 18m 以内。主栽品种：授粉品种为 4：1 或 3：1。品种配置见附表 2。

附表 2 授粉树品种配置

序号	榛园面积/hm²	授粉品种个数/个	序号	主栽品种	推荐授粉品种
1	6.67 以下	≥2	5	达维	玉坠、辽榛 3 号、辽榛 7 号、平欧 21 号
2	6.67~33.33	2~3 个	6	玉坠	达维、辽榛 3 号、平欧 21 号
3	33.34~66.67	3~5 个	7	辽榛 3 号	达维、玉坠、辽榛 7 号、平欧 21 号
4	66.67 以上	6 个及以上	8	辽榛 7 号	达维、辽榛 3 号、平欧 21 号

4.9 定干

栽后定干，定干高度：单干自然开心形 40~60cm，多主枝圆头形 20cm。降水量较高或灌溉便利可定干高些，反之需低些，剪口下应有 3~5 个以上的饱满芽。

5　育苗

5.1　母株选择

选择品种（品系）优良、抗寒、抗旱，生长健壮，无病虫害的母株。根据生产园授粉需要，育苗品种需 2 个及以上。

5.2　育苗方法

5.2.1　母株选择

选择无病虫害、无抽条、生长健壮的母株。

5.2.2　压条时间

6 月中下旬，当年基生枝高度达 50~70cm 半木质化时进行。

5.2.3　压条方法

采用直立压条方法育苗，分单株直立压条和带状直立压条两种，以带状直立压条为宜。

5.2.4　生根粉

建议使用四川润尔科技有限公司生产，商品名为“国光生根”生根粉，按推荐浓度使用。现配现用。

5.2.5　勒痕处理

摘除距地面 20~25cm 基生叶。用 22~24#铁丝或∅0. 7mm 漆包线从枝条基部环绑勒缢，勒痕要直，深达木质部，不伤及勒痕以外的表皮。在伤口周围用毛刷均匀环绕涂抹配好的生根液，促其生根。

5.2.6　覆土方法

用厚度 20~25cm 的原土覆土压条，可机械覆土，确保苗木扶正压实。

5.3　摘心处理

当压条育苗枝生长到 80cm 左右时进行摘心处理，促使粗生长。

5.4　起苗

当年生裸根苗 10 月底至 11 月初，或 3 月上旬起苗，起苗前 3~5d 灌透水，起苗时在母株根部折断，尽可能保留全部须根。2 年及以上苗建议带土球起苗。容器苗随用随起。起苗后及时遮阳保湿。

5.5　分级

苗木分级见附表 3。

附表 3　榛子苗等级划分

苗木等级	划分标准	病虫害
Ⅰ级	裸根苗：地径>14mm，株高>100cm，侧根 8 条及以上，湿活无霉变，且长度≥15cm。 容器苗：地径>14mm，株高>100cm，无霉变、无压损。 土球苗：地径>14mm，株高>100cm，无霉变，土球直径≥20cm，无压损。	无
Ⅱ级	裸根苗：10.0mm<地径≤14mm，60cm<株高≤100cm，侧根 5 条及以上，湿活无霉变，且长度≥10cm。 容器苗：10.0mm<地径≤14mm，60cm<株高≤100cm，无霉变、无压损。 土球苗：10.0mm<地径≤14mm，60cm<株高≤100cm，无霉变，土球直径≥15cm，无压损	无

5.6　包装运输

5.6.1　包装

对苗木侧枝进行简单修剪后包装。苗木出圃必须具备“三证一签”，标签应注明树种、苗龄、数量、等级、出圃日期、病虫害检测情况和生产单位等。苗木包装方式见附表 4。

附表 4　榛子苗包装方式

苗木类型		包装方式
Ⅰ级苗	裸根苗	将苗木根部蘸泥浆或保水剂，10 株一束，用包装材料包裹根部，用绳捆紧。每束附上标签。远距离运输需将苗木顶部修剪封口后包装，在运苗车厢及苗木周围铺撒湿锯末、湿稻草等湿润物。
	容器苗	箱装：20~30 袋一箱，每箱贴上标签。
	土球苗	用蒲包、草绳等材料，将苗木根部土块捆紧，防止土块散落和苗木失水。每株一签
Ⅱ级苗	裸根苗	10~20 株一束，其他同Ⅰ级苗。
	容器苗	箱装：30~50 袋一箱，每箱贴上标签。
	土球苗	同Ⅰ级苗

5.6.2　运输

敞篷车需用苫布、席子、塑料薄膜等全覆盖。定期检查包内温度和湿度，如包内温度高、应将包打开适当通风，如湿度不够应及时喷水。苗木运输到目的地后，应立即假植、贮藏或定植。

5.7 假植、贮藏

5.7.1 假植

5.7.1.1 假植条件

春季造林裸根苗起苗后当天无法定植需假植。选择排水良好、避风干燥的地方挖假植坑，深30~50cm，南北向较好，宽度和长度根据需要确定。

5.7.1.2 假植方法

将裸根苗木根部放入沟内，根向北稍向南呈45°倾斜摆放，培土、踩实，覆土厚度不低于苗木根部以上10cm。及时灌透水，有根系外露需及时补充覆土，并用遮光率70%左右的遮阳网遮光防晒。

5.7.2 贮藏

秋季裸根苗起苗后需越冬贮藏。贮藏方法见附表5。

附表5 贮藏方法

贮藏类型	贮藏方法
室外地沟贮藏	选避风、排水良好的地方挖沟，深80~100cm，南北向最好，长宽按需确定。根向下，苗顶部向南倾斜呈45°放入假植沟，覆干净河沙、踩实，沙粒大小1~2mm，厚度为苗高的2/3，及时灌透水。在土壤封冻前，将苗木全部用湿沙埋上，最上层用湿土盖一层，厚度约为10cm
地下窖及冷库贮藏	窖内苗木垂直放置，根系及苗干30cm以下用湿沙培好，并适时洒水保持沙子湿润。保持-2~2℃的低温和80%以上的空气湿度，可保证苗木安全越冬

6 栽培管理

6.1 整形

6.1.1 整形时间

一般多在春季萌芽前15d整形修剪。

6.1.2 生产母株

选择多主枝圆头形。根据肥力、密度、管理等确定留枝数量。第二年留3~10个不同向主枝；第三年每主枝留2~3个侧枝；第四年每侧枝留2~3个副侧枝。每年对1年生枝梢短截10%~30%，留剪口下第一外芽。

6.1.3 育苗母株

育苗母株选择单杆自然开心形。第二年在主干上选留3~4个不同向主枝，自第三年开始，齐地剪平，开始压条育苗。

6.2 修剪

6.2.1 初果期修剪

定植6龄及以前，轻短截外围发育枝，保留树膛内小枝。

6.2.2 盛果期修剪

定植6龄后，各主枝的延长枝轻、中度短截，树膛内细弱枝、病虫枝、下垂枝剪除，保留其余小枝。

6.3 人工授粉

6.3.1 花粉采集

人工授粉可大大提高榛子产量及效益。春季在雄花序已经伸长但尚未散粉前摘下，及时装于玻璃瓶中，用纱布或棉塞等封口备用。

6.3.2 花粉贮藏

当年使用时放在0~5℃短期冷藏；异地运输用冷藏箱敷冰封装；跨年贮藏用瓶口密封，放在-20℃以下，湿度50%左右的环境贮存，或用超低温冰箱贮藏。

6.3.3 授粉方式

将滑石粉（或淀粉）与花粉按照（200~400）：1重量比例混合均匀。少量授粉用细毛笔尖或棉签等蘸花粉点在柱头上，大面积授粉用授粉器（或装入四层丝袜内）进行人工授粉。

6.3.4 授粉时间

榛树花期一般2~3d，全株7d左右，生产上当雌花60%~80%开花时开始授粉。

6.4 除草

6.4.1 防草布除草

采用抗氧化、抗紫外线的防草布，宽度1.0~1.2m，使用期限≥3年。

6.4.2 生草法除草

利用自然生草法，适时刈割，保持在5~15cm。6月至7月上中旬后机械中耕清除，防止杂草生种。

6.4.3 除蘖

及时刨除生产母树根蘖苗，每年3~4次。

6.5 施肥

按照NY/T 227规定的微生物肥料种类和使用要求执行，同时按照NY/T

394、NY/T 496 所规定的肥料使用准则实行（附表 6）。

附表 6　常用肥料种类及施肥方法

施肥方式	施肥时间	允许使用的肥料及技术
基肥（从 3 年生开始施腐熟有机肥）	每年秋季果实采收后至土壤封冻前	采用条沟法、环状沟法、放射状沟法均可，有机肥与土混拌施入根系周边 40cm 左右，深度 10～20cm。3～4 年生每株 20kg/年，5～7 年生每株 30kg/年，8 年生以上每株 40kg/年。施有机肥榛子品质及口感均优于化肥
追肥（按照 N : P_2O_5 : K_2O = 1.5 : 1.1 : 1）	每年追肥 1～2 次，第一次 4 月下旬至 5 月上旬，第二次 6 月中旬至下旬	2 年生每株 150g；3 年生每株 200g；4 年生每株 250～300g；5~6 年生 600～800g；7 年生以上 1～2kg。树盘内根系周边 40cm 左右开沟施入，深度 10~20cm，并盖土
叶面肥	生长季节喷施	磷酸二氢钾（精制）（浓度 0.2%～0.3%）1～3 次，间隔期 20~30d

6.6　灌水

6.6.1　灌水方式

灌溉水质参照 GB 5084 执行。建议水肥一体化高效滴灌与集雨覆膜（防草布）相结合。

6.6.2　灌水次数

结合有效降雨确定灌水次数。一般每年需滴水 6~10 次，灌水量以浸深 30~40cm 为宜，并长期保持 16%以上土壤含水量。夏季高温期需及时灌水。育苗母树压条后浇透水，促使生根。

6.7　间作

榛树树体较小时，行间可间作矮秆作物、牧草或绿肥，如谷类、豆类、芸芥、薯类、小麦、花生及药材等。间作作物与树体保持 50cm 距离为宜。

6.8　防抽条

生产母树禁止育苗，保持合理密度。幼果期对长势较弱的树或果枝适当疏果，保持合理负载量；新梢生长后期，摘除旺枝生长点；5—6 月增肥增水，7 月增水控肥，8 月下旬后控制灌水；全生育期适当增加磷钾肥使用量，控制氮肥。

6.9　病虫鼠冻害防治

农药使用符合 NY/T 1276 的要求。主要病虫鼠冻害防治见附表 7。

附表 7 榛子病虫鼠冻害防治关键技术

类型	防治方法		防治技术
病害	物理		及时清除榛树下的树叶及恶性杂草，保持环境干净通风。
	化学	白粉病（*Microsphaera coryli*）	密植湿热易发。发病初期 5 月中下旬喷 20%三唑酮乳油 700 倍液，或 50%甲基托布津可湿性粉剂 800~1 000倍液、50%多菌灵可湿性粉剂 600~1 000倍液，每隔 10d 喷 1 次，连喷 2~3 次，或用腈菌唑、咪鲜胺按推荐浓度与方法使用。
		煤污病（*Dissoconium proteae*）	清除榛园内枯落物，集中烧毁。于早春雌花开放前结合防霜冻涂白，对全树喷石硫合剂（结晶）50 倍液。6—9 月喷 70%甲基托布津 800 倍液、50%多菌灵 500 倍液。
		锈病（*Gymnosporangium asiaticum*）	发病前和发病初期（7 月上中旬）喷等量式波尔多液 200 倍液，间隔 10d，喷 2 次。发病盛期（7 月下旬、8 月上旬）间隔 10 d 连喷 2 次 15%三唑酮 600~800 倍液
虫害	物理		春、秋季翻耕土壤，通过机械损伤、寒冷冻死等减轻来年幼虫危害，清除杂草、减少害虫产卵场所及食料来源、堆草等控制幼虫地老虎类害虫危害。设置频振式灭虫灯，诱杀成虫。
	生物		天敌捕杀。施用腐熟有机肥、施后覆土、深施肥等，腐蚀、杀伤蛴螬等地下害虫。用卵孢白僵菌等生物制剂防治地下害虫，或用乳状菌在害虫产卵产生之前喷施，减少幼虫数量。
	化学		适时喷用吡虫啉 1 000 倍液，防治蚜虫，用 10~20 倍松脂合剂、石油乳剂防治介壳虫，用毒麸诱杀金龟子等地下害虫。选择触杀的菊酯类杀虫剂或内吸类杀虫剂减少成虫数量
鼠害	物理		在鼠害危害严重区域，用 40 cm×40 cm 镀锌细铁丝网环绕苗木根系埋入土中，护根造林
冻害	物理		选用抗性强的品种、强壮树势及合理水肥管理。避免选择低洼地建园，选雌花开花晚的品种，春季花期前灌水 2~3 次，可延迟开花 1~3d，连续定时喷水可延迟 7~8d 开花。主干涂白或用 7%~10%石灰液喷树冠，可延迟花期 3~5d。
	化学		冻害发生前喷 0.04%芸薹素、涂 10%的聚乙烯醇、100 倍高脂膜、100 倍羧甲基纤维素等防寒剂防寒效果显著。冻害发生后，喷施 0.17%的氨基酸叶面肥恢复

7 采收及贮藏

7.1 采收

7.1.1 鲜果采收

8 月初当果苞逐渐变黄，果苞基部出现一圈黄褐色，果肉入口清脆即可采收鲜果。

7.1.2 干果采收

9 月下旬左右果实自行脱落采收，以保证果实的亮度、饱满度和干燥度。按品种（品系）分期采收。

7.2 采后处理

带苞采收的需及时脱苞，手工或机械方法使果苞与坚果分离。室外自然晾晒干燥或烘干法干燥，使坚果水分降至 6%以下，榛仁水分降到 7%以下。

7.3 坚果质量

按 LY/T 1650 的要求执行。

7.4 坚果贮藏

纸袋、编织袋或麻袋等包装，按 GB/T 10016 的要求在低温、通风干燥环境贮藏。

技术交流

参加第五届全国榛子现场观摩会

定植苗越冬萌芽情况调查交流

单位内部交流学习

项目资助单位宁夏林业和草原局组织专家验收指导交流

与大果榛子育苗专家梁维坚教授交流学习

项目资助单位宁夏林业和草原局组织专家听取项目汇报现场

项目资助单位宁夏林业和草原局组织专家现场查验

与宁苗集团基地负责人田间交流

技术培训

宁夏全区林业基层干部退耕还林后续产业技术培训

培训手册编印

田间群众技术培训

“达维”果苞（育种代号84-254）-
防沙学院（伍会萍拍摄）

达维（育种代号84-254）

辽榛3号果苞（王建军供图）

达维（育种代号84-254）坚果

辽榛3号坚果（育种代号84-226）顶部

辽榛3号坚果（育种代号84-226）背面

辽榛7号果苞（王建军供图）

辽榛7号（育种代号82-11）

平欧21号（育种代号B-21）冬季全株叶片宿存状——可用于农田冬季防风的难得优良品种

平欧21号（育种代号B-21）果苞

平欧21号果苞
（育种代号B-21，2020年7月3日拍摄）

平欧21号结果枝（育种代号B-21）

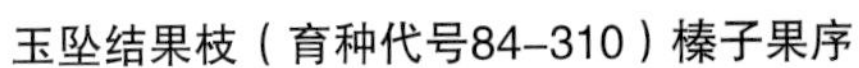

玉坠结果枝（育种代号84-310）榛子果序

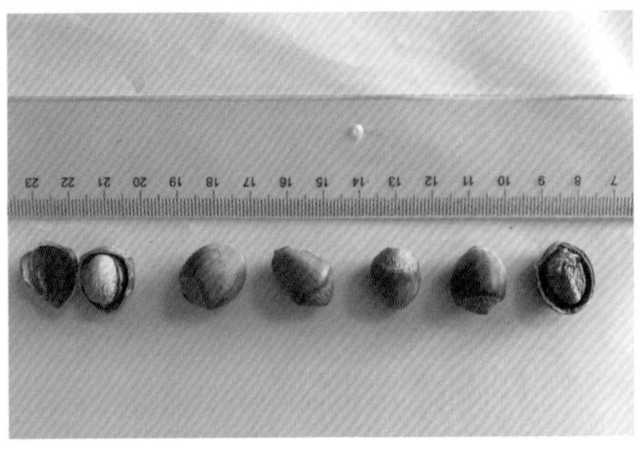

玉坠（育种代号84-310）

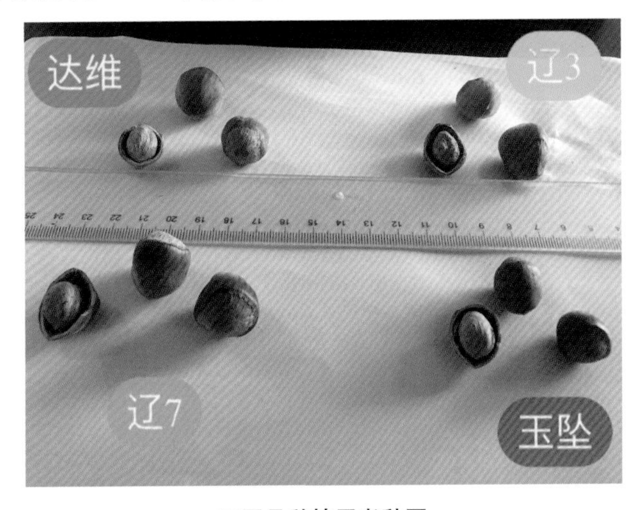

不同品种榛子考种图

杂交大果榛子与野生平榛（小果）混合样

大果榛子近景-永宁防沙学院-2020年8月（伍会萍拍摄）

大果榛子区域栽植-固原四个一基地2020（伍会萍拍摄）

宁南阴湿冷凉山区大果榛子间作黄花-宁苗集团（伍会萍拍摄）

宁夏引黄灌区示范基地

根系病虫害田间调查

高温高湿高密度条件下的叶面白粉病

花序生长状况田间调查

不同基质压条育苗土壤水分调查

榛子扦插育苗技术研究

榛子虫类田间调查（糖醋法）

黄板粘虫法虫类调查

生长调查2019年6月4日

用于造林护根防治中华鼢鼠的镀锌铁丝网

榛子除草

机械割草

榛子集雨防草布缓坡等高线种植模式

榛子田间生草种植法

鲜食榛子

榛子秋后地面自动落果情况

榛子干果

榛子乳生产流水线（山东三羊榛缘生物科技有限公司）

榛子乳（山东三羊榛缘生物科技有限公司）

榛子仁、榛子粉、榛子油
（山东三羊榛缘生物科技有限公司）

榛子系列深加工产品
（山东三羊榛缘生物科技有限公司）

榛子扦插育苗

不同激素种类及浓度扦插育苗试验

不同栽培基质扦插试验苗床制作

榛子扦插育苗试验人工喷雾补水增湿

榛子扦插育苗试验遮阳保湿措施

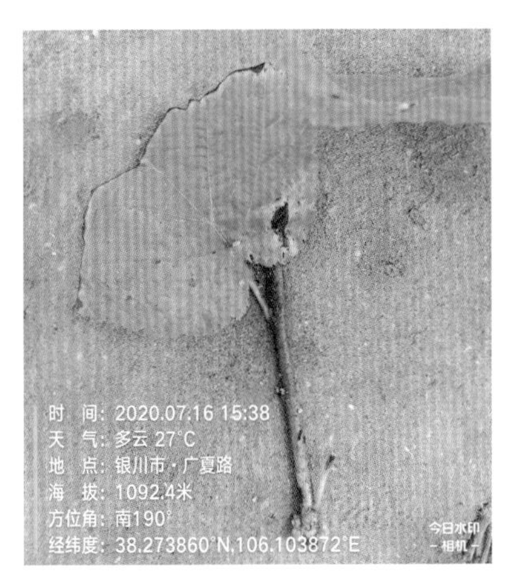

扦插20天后根部愈合情况

榛子扦插育苗试验棚内

榛子生育期

果序出现期
（2019年4月29日，左忠拍摄）

盛开初期的头状雌花与柔荑雄花–隆德神林乡
（王建军拍摄）

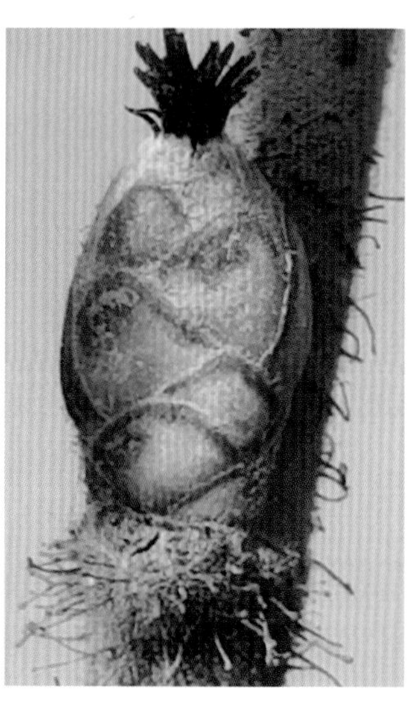

授粉后柱头逐渐变黑并枯萎的雌花（刘立平拍摄）

榛子坚果形成期

雄花盛开（刘立平拍摄）

雄花序形成期
（2019年7月8日）

榛子压条育苗

宽窄行种植的榛子压条育苗基地

宁苗集团在宁夏隆德县神林乡调运的榛子苗木

榛子苗田间假植培育

榛子压条育苗基地

榛子压条育苗喷施生根剂

榛子压条育苗前铁丝环绑勒缢处理后

榛子压条育苗前铁丝环绑勒缢处理前